Sarbjot Singh Sandhu
Mayank Mishra

Utilização de biodiesel de rícino num motor monocilíndrico de combustão interna

Sarbjot Singh Sandhu
Mayank Mishra

Utilização de biodiesel de rícino num motor monocilíndrico de combustão interna

ScienciaScripts

Imprint

Any brand names and product names mentioned in this book are subject to trademark, brand or patent protection and are trademarks or registered trademarks of their respective holders. The use of brand names, product names, common names, trade names, product descriptions etc. even without a particular marking in this work is in no way to be construed to mean that such names may be regarded as unrestricted in respect of trademark and brand protection legislation and could thus be used by anyone.

Cover image: www.ingimage.com

This book is a translation from the original published under ISBN 978-620-2-07883-2.

Publisher:
Sciencia Scripts
is a trademark of
Dodo Books Indian Ocean Ltd. and OmniScriptum S.R.L publishing group

120 High Road, East Finchley, London, N2 9ED, United Kingdom
Str. Armeneasca 28/1, office 1, Chisinau MD-2012, Republic of Moldova, Europe
Printed at: see last page
ISBN: 978-620-8-01436-0

Conteúdo

RESUMO 2

CAPÍTULO 1 3

CAPÍTULO 2 21

CAPÍTULO 3 37

CAPÍTULO 4 50

CAPÍTULO 5 69

REFERÊNCIAS 71

RESUMO

A rápida escalada dos preços dos combustíveis e o esgotamento dos recursos mundiais de hidrocarbonetos forçaram-nos a procurar combustíveis alternativos, capazes de satisfazer a procura crescente de energia e de proteger o ambiente, reduzindo o nível de poluentes nocivos. Atualmente, já se percebeu de forma conclusiva que os motores de combustão interna são uma parte indispensável do estilo de vida moderno. Desempenham um papel vital nos transportes e no sector mecanizado moderno. No sector agrícola indiano são utilizados mais de 6,5 milhões de motores a diesel. Para várias actividades, é impossível eliminar estes sistemas existentes e, por isso, é necessário procurar rapidamente combustíveis alternativos. O biodiesel pode ser uma alternativa perfeita aos combustíveis fósseis como a gasolina e o gasóleo. O biodiesel, que tem por base produtos agrícolas, é limpo, renovável e está facilmente disponível. Pode ser utilizado para fazer funcionar motores de ignição por compressão utilizados no sector comercial, no sector agrícola e para fins domésticos.

O presente estudo foi realizado para visualizar o potencial do biodiesel de rícino como combustível alternativo em motores diesel (ignição direta e arrefecimento a água). As caraterísticas salientes da investigação incluem: (1) Estudo comparativo das propriedades básicas do biodiesel de rícino e de diferentes misturas deste com o gasóleo. (2) Avaliar o potencial de utilização do biodiesel de rícino e das suas misturas com gasóleo no motor C.I. (3) Estudo analítico do desempenho do motor, da combustão e das caraterísticas das emissões de escape das misturas de combustível selecionadas.

Foram preparadas diferentes misturas de combustível a partir de biodiesel de rícino com gasóleo. Com base nas propriedades básicas do combustível, as misturas de combustível foram selecionadas para o ensaio do motor. Foi desenvolvida uma configuração experimental para efetuar estudos de desempenho do motor, emissões e caraterísticas de combustão das misturas de combustível selecionadas em diferentes condições de carga. Com base nos resultados obtidos através de ensaios exaustivos do motor, foi feita a otimização de vários parâmetros de funcionamento do motor para várias misturas de combustível.

O presente trabalho permitiu obter uma boa visão do desempenho, das emissões e das caraterísticas de combustão do motor C.I. utilizando biodiesel de rícino e as suas misturas com gasóleo. À medida que a proporção de biodiesel de rícino no gasóleo aumenta, a uma pressão de injeção mais elevada, o desempenho, as emissões e as caraterísticas de combustão melhoram.

CAPÍTULO 1

INTRODUÇÃO

1.1 Antecedentes

A fim de satisfazer as crescentes necessidades de transporte da população em crescimento, o número de automóveis aumentou no mundo em geral e na Índia em particular após a liberalização económica geral do país no início da década de 1990. Desde a década de 1970, a atenção do mundo tem-se centrado no esgotamento das reservas de petróleo, no aumento da procura de produtos petrolíferos e na consequente subida dos preços do petróleo. Parece que o preço do petróleo bruto continuará a aumentar e a ser volátil durante muito tempo. Seguem-se os preços à vista dos vários petróleos na Índia em 10 de março de 2006, em rupias indianas/Kg (um dólar americano equivale a 45 rupias indianas, aproximadamente) [1]

- Óleo de rícino - 32,3

- Óleo de amendoim/óleo de amêndoa - 43,6

- Óleo de mostarda - 36,4

- Óleo de palma bruto - 36,4

A nossa dependência do petróleo para abastecer os transportes e outros sectores da atividade humana ameaça a segurança energética e afecta o ambiente e o crescimento da economia mundial. Além disso, a política do petróleo esteve na origem da maioria dos conflitos internacionais das últimas décadas, tendo provocado a morte de milhões de pessoas e a incapacidade de muitas mais. A questão da segurança energética levou os governos e os investigadores a procurar meios alternativos de combustíveis renováveis e respeitadores do ambiente. O biocombustível tem sido uma das alternativas promissoras e economicamente viáveis. O desenvolvimento da tecnologia para produzir e utilizar biocombustíveis criará opções de combustível que podem influenciar positivamente o estabelecimento de uma alternativa mais segura, mais limpa e sustentável ao petróleo. Longe vão os dias em que se cultivavam plantas comestíveis apenas para fins alimentares; agora existem plantas das quais se pode extrair combustível e levá-lo para o depósito de combustível. No entanto, o interesse crescente pelos biocombustíveis, se não for devidamente regulamentado e gerido, é suscetível de privar milhares de milhões de pessoas menos desenvolvidas das suas culturas alimentares. Desde que os biocombustíveis não se baseiem em labirinto ou noutras culturas alimentares e desde que o cultivo dos biocombustíveis não conduza ao desvio de terras disponíveis para culturas alimentares, a promoção dos biocombustíveis é bem-vinda.

O conceito de biocombustível remonta a 1885, quando o Dr. Rudolf Diesel construiu o primeiro motor diesel de ignição por compressão com a intenção de o fazer funcionar a partir de fontes vegetais

(Shay 1993).

Em 1912, observou: "A utilização de óleos vegetais como combustíveis para motores pode parecer insignificante atualmente. Mas esses óleos podem, com o passar do tempo, tornar-se tão importantes como o petróleo e os produtos de alcatrão de carvão da atualidade". No entanto, devido ao baixo preço dos produtos petrolíferos e, provavelmente, ao poder económico dos cartéis, as investigações sobre esses combustíveis não convencionais nunca chegaram a oferecer ideias viáveis. No entanto, parece que a tendência mudou, depois de o mundo se ter apercebido de que os recursos petrolíferos estão quase a esgotar-se e não podem sustentar a economia mundial por mais de meio século. Em 1970, os investigadores descobriram que um processo químico simples podia reduzir a viscosidade dos óleos vegetais e que estes podiam funcionar como gasóleo nos modernos motores de combustão interna. Desde então, os desenvolvimentos técnicos percorreram um longo caminho e, atualmente, o óleo vegetal está bem estabelecido como biocombustível, equivalente ao gasóleo.

As recentes preocupações ambientais e económicas levaram a um ressurgimento da utilização de biodiesel em todo o mundo. Os EUA e vários países europeus já estão a trabalhar no sentido de substituir o combustível de petróleo por essas alternativas. Em 1991, a Comunidade Europeia propôs uma redução fiscal de 90 por cento para a utilização de biocombustíveis, incluindo o biodiesel, e tem como objetivo reduzir o consumo de combustível de petróleo em pelo menos cerca de 5 por cento, substituindo-o por biocombustível até ao ano 2010. Atualmente, 31 países em todo o mundo produzem biodiesel [2]. A Índia é um dos maiores países consumidores e importadores de petróleo.

A Índia é o quarto maior consumidor de petróleo, ou seja, 155,5 milhões de toneladas (2010), o que representa 3,9% do total. A Índia ocupou a 25ª posição (2010) entre os países produtores de petróleo a nível mundial. A Índia importa cerca de 70% da sua procura de petróleo do mercado petrolífero mundial, que é altamente volátil [3]. A produção de petróleo foi de 38,9 milhões de toneladas, mas o consumo foi de 155,5 milhões de toneladas em 2010.

Quadro 1.1 Produção de petróleo (análise estatística da energia mundial, 2011)

Ano	Produção de petróleo (milhões de toneladas)	Consumo de petróleo (milhões de toneladas)	Importações de petróleo (milhões de toneladas)
2005	34.6	119.6	85
2006	35.8	120.4	84.6
2007	36.1	133.4	97.3
2008	36.1	144.1	108
2009	35.4	151	115.6
2010	38.9	155.5	116.6

1.2 Combustível alternativo - o biocombustível

Os combustíveis alternativos são combustíveis que não são compostos substancialmente de petróleo e, portanto, são alternativas ao petróleo. Como substituto do combustível "tradicional", espera-se que produza benefícios significativos para as nações em termos de segurança energética e ambientais. Biocombustível, termo cunhado no final da década de 1980, refere-se a combustíveis renováveis geralmente derivados da biomassa e utilizados principalmente para a produção de energia motriz, térmica e eléctrica, com especificações de qualidade em conformidade com as normas internacionais. Os biocombustíveis podem ser derivados de culturas agrícolas, como o milho, a soja e a cana-de-açúcar, ou de recursos de biomassa, como resíduos agrícolas, de madeira, animais e urbanos, e são os biocombustíveis de primeira geração. Uma vez que grande parte dos resíduos é constituída por material lignocelulósico, pode ser convertida em biocombustíveis. Os dois biocombustíveis mais comuns utilizados no sector dos transportes, ou seja, o etanol e o biodiesel, são amigos do ambiente e podem ser utilizados como substitutos da gasolina e do gasóleo ou misturados com estes, de modo a reduzir as emissões de gases com efeito de estufa e, assim, contribuir para a melhoria da qualidade do ar ambiente e da água. O biodiesel é um combustível líquido renovável que pode ser produzido localmente, ajudando a reduzir a dependência do país do petróleo bruto importado.

O biodiesel, tal como definido pela Organização Mundial das Alfândegas (OMA), é "uma mistura de ésteres monoalquílicos de ácidos gordos de cadeia longa [C16-18] derivados de óleos vegetais ou gorduras animais, que é um combustível doméstico renovável para motores diesel e que cumpre as especificações internacionais (ASTM D 6751)". O biodiesel, derivado de óleos e gorduras de plantas como a rícino, a soja, o algodão, o girassol, *a* jojoba, a colza, a canola, *a Jatropha curcas* (Peterson et al. 1983, Schlautman et al. 1986, Yong 1998, Alhasan et al. 2005) e a gordura animal, pode ser utilizado como substituto ou aditivo do gasóleo. Quase não tem enxofre e tem cerca de 10% de oxigénio incorporado. Como combustível alternativo, o biodiesel pode fornecer uma potência semelhante à do gasóleo convencional. O processo de conversão do óleo vegetal em biodiesel é muito eficiente, numa proporção de quase 1 para 1, o que significa que 1 galão de óleo vegetal produzirá quase 1 galão de biodiesel. O biodiesel pode ser utilizado a 100 por cento ou misturado com gasóleo a qualquer taxa. O biocombustível puro ou a 100% é designado por BXX, em que XX indica a percentagem volumétrica de biocombustível contida na mistura. As misturas mais comuns são B2, com 2% de biodiesel, e B20, com 20% de biodiesel. Uma mistura B2 aumenta a lubricidade do combustível para níveis aceitáveis, mesmo com um teor reduzido de enxofre no gasóleo.

1.3 Biodiesel: Caraterísticas e especificações

Uma vez que o biodiesel é produzido a partir de uma grande variedade de óleos vegetais de origem e qualidade variáveis, foi necessário implementar critérios de normalização da qualidade do combustível para um melhor desempenho dos motores. A Áustria foi o país pioneiro no mundo a definir e aprovar as normas para os ésteres metílicos de óleo de colza como combustível para motores diesel (Meher et al. 2006). Uma vez que a normalização é um pré-requisito para o controlo da qualidade, são considerados certos parâmetros para o efeito, dos quais o índice de cetano e a viscosidade do combustível são importantes. Os atributos físicos detalhados do biodiesel produzido após o processo de transesterificação apresentados na **Tabela 1.2** e na **Tabela 1.3** mostram os parâmetros específicos do óleo vegetal e o valor correspondente dos ésteres metílicos de ácidos gordos.

Tabela 1.2. Parâmetros de Qualidade do Biodiesel

Parâmetros	Áustria (ON)	República Checa (CSN)	França (jornal oficial)	Alemanha (DIN)	Itália (UNI)	EUA (ASTM)
Densidade a 15°C (g/cm3)	0.85-0.89	0.87-0.89	0.87-0.89	0.875-0.89	0.86-0.90	-
Viscosidade a 40°C (mm^2/s)	3.5-5.0	3.5-5.0	3.5-5.0	3.5-5.0	3.5-5.0	1.9-6.0
Ponto de inflamação (°C)	100	110	100	110	100	130
CFPP (°C)						
Índice de cetano	>49	>48	>49	>49	-	>47
Número de neutralização (mg KOH/g)	<0.8	<0.5	<0.5	<0.5	<0.5	<0.8
Resíduo de carbono Conradson (%)	0.05	0.05	-	0.05	-	0.05

Fonte: Mittelbach (1996), Meher et al. (2006)

Tabela 1.3. Parâmetros específicos do óleo vegetal para ter a qualidade do biodiesel

Parâmetros	Áustria (ON)	República Checa (CSN)	França	Alemanha (DIN)	Itália (UNI)	EUA (ASTM)
Metanol/etanol (% massa)	$\leq$0.2	-	$\leq$0.1	$\leq$0.3	$\leq$0.2	-
Teor de ésteres (% massa)	-	-	$\geq$96.5	-	$\geq$98	-
Monoglicéridos (% massa)	-	-	$\leq$0.8	$\leq$0.8	$\leq$0.8	-
Diglicéridos (% massa)	-	-	$\leq$0.2	$\leq$0.4	$\leq$0.2	-
Triglicéridos (% massa)	-	-	$\leq$0.2	$\leq$0.4	$\leq$0.1	-
Glicéridos livres (% massa)	$\leq$0.02	$\leq$0.02	$\leq$0.02	$\leq$0.02	$\leq$0.05	$\leq$0.02
Glicerol total (% massa)	$\leq$0.24	$\leq$0.24	$\leq$0.25	$\leq$0.25	-	$\leq$0.24
Número de iodo	$\leq$120	-	$\leq$115	$\leq$115	-	-

Fonte: Mittelbach (1996), Meher et al. (2006)

1.4 Processo de seleção para a produção de biocombustíveis

Conforme investigado por vários investigadores, existem muitas plantas que contêm hidrocarbonetos e outras substâncias próximas do petróleo na sua composição química. Essas espécies de plantas são comuns na região da Ásia e do Pacífico (Ananthakrishnan 1982). As espécies que são rentáveis, culturas não alimentares, de crescimento rápido e frutificação precoce, com elevado teor de óleo, não tóxicas e biodegradáveis são geralmente preferidas como fonte de biocombustível. Nas condições indianas, essas variedades de plantas, que não são comestíveis, podem ser cultivadas em grande escala em terrenos baldios e têm potencial para serem decompostas em fracções de gasolina, podem ser consideradas para a produção de biodiesel. Algumas das plantas proeminentes produtoras de sementes oleaginosas não comestíveis incluem *Azadirachta indica* (Neem), *Boswellia ovalifololata, Calophyllum inophyllum* (Nagchampa), *Calotropis gigantia* (Aak), *Euphorbia tirucalli* (Sher), *Hevea brasiliensis* (Borracha), *Jatropha curcas* (Pinhão) , *Pongamia pinnata* (Karanj) (Sudarsan e Anupama 2006), *Ricinus communis L* (Rícino)(Hemant Y. Shrirame.,2011). **A Tabela 1.4** mostra o rendimento em óleo dos principais óleos não comestíveis e comestíveis.

Tabela.1.4. Rendimento em óleo das principais fontes de óleos não comestíveis e comestíveis

TIPOS DE ÓLEO	RENDIMENTO DE ÓLEO (Kg/ha)	RENDIMENTO DO ÓLEO (wt%)
ÓLEO NÃO EDIFICÁVEL		
Pinhão-manso	1590	50-60
Sementes de borracha	80-120	40-50
Castor	1180	53
Pongamia pinnata	225-2250	30-40
Manga do mar	N/A	N/A
ÓLEO COMESTÍVEL		
Soja	375	20
Palma	5000	20
Colza	1000	37-50

1.5 Rendimento e produtividade da mamona

O óleo de rícino (*Ricinus communis L*), um óleo incolor ou amarelado pálido extraído das sementes da planta de rícino, é cultivado em todo o mundo devido à importância comercial do seu óleo, que é utilizado no fabrico de uma série de produtos químicos industriais, como tensioactivos, massas e lubrificantes, sabões especiais, revestimentos de superfícies, cosméticos e produtos de higiene pessoal, produtos farmacêuticos, etc.

A variedade indiana de sementes de rícino tem um teor de óleo de 48% e 42% podem ser extraídos. O bagaço de óleo residual, que contém cerca de 5,5% de azoto, 1,8-1,9% de fósforo e 1,1% de potássio, é utilizado como adubo orgânico. A rícino cresce bem em condições tropicais quentes e húmidas e tem um período de crescimento de 4 a 5 meses. Pode ser cultivada como cultura pura em rotação com trigo, linhaça, etc., ou misturada com algodão, amendoim, arhar, grama verde, jowar, bajra e feijão-frade. O rendimento médio de sementes por hectare e de óleo por hectare é de 1180 kg/hectare e 550 litros/hectare A Índia é o maior produtor e exportador mundial de óleo de rícino. Atualmente, é cultivada em cerca de 700 000 hectares, principalmente em Gujarat e Andhra Pradesh, em condições de sequeiro. O rendimento em termos de óleo varia entre 350-650 kg de óleo por hectare quando não é aplicada qualquer manutenção à cultura, *ou seja,* fertilizantes, etc.

A vantagem comparativa da rícino é o facto de o seu período de crescimento ser muito mais curto do que o da Jatropha e da Pongamia, e de a experiência e a sensibilização dos agricultores para o seu cultivo serem consideravelmente maiores. Sendo uma cultura anual, dá aos agricultores a possibilidade de efetuar rotações ou transferências facilmente, dependendo das condições do mercado.

No entanto, entre os óleos vegetais, o óleo de rícino distingue-se pelo seu elevado teor (mais de 85%) de ácido ricinoleico (no óleo de rícino é o ácido ricinoleico, o único ácido gordo insaturado presente nos óleos vegetais naturais com uma função hidroxilo no átomo de carbono 12. A viscosidade extraordinariamente elevada do óleo de rícino é atribuída à presença deste grupo hidroxilo. O ácido ricinoleico é venenoso para o homem e para os animais, uma vez que contém a proteína tóxica ricina [4]. Nenhum outro óleo vegetal contém uma proporção tão elevada de hidroxiácidos gordos. A ligação insaturada dos óleos de rícino, o elevado peso molecular (298), o baixo ponto de fusão (5 °C) e o ponto de solidificação muito baixo (-12 °C a -18 °C) tornam-no industrialmente útil, sobretudo pela viscosidade mais elevada e mais estável de qualquer óleo vegetal.

Figura 1.1 Mamona durante o período de crescimento

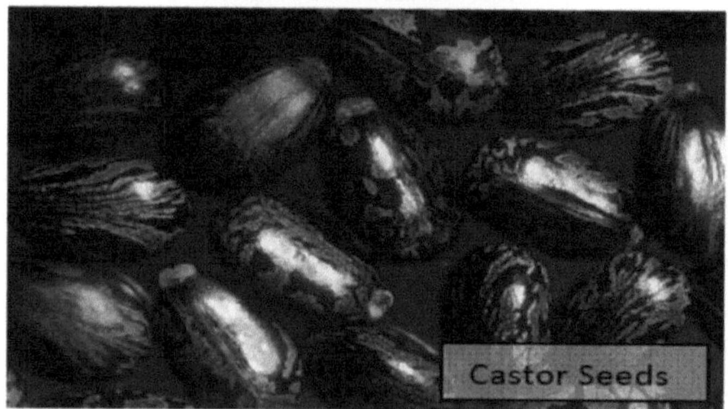

Figura.1.2 Sementes de rícino

As propriedades físicas dos óleos vegetais são apresentadas no **quadro 1.5**. As propriedades físicas e químicas dos ésteres metílicos produzidos são apresentadas na **Tabela 1.6**. Os valores são comparados com a norma ASTM para o bio-diesel.

Tabela 1.5. Propriedades físicas dos óleos vegetais.

Óleo	Viscosidade cinemática a 200C (m^2/s)	Viscosidade cinemática a 400C (m^2/s)	Viscosidade cinemática a 700C (m^2/s)	Densidade kg/m^3	Índice de acidez mgKOH/g	Glicerol (% em peso)	Miscível
CASTOR	961	268	61.9	993	0.022	4.12	70% a 100% de óleo
SEMENTES DE ALGODÃO	85	43.7	23.2	951	7.073	18.40	0-100% de óleo
AMENDOIM	91.8	41.4	27.6	992	3.185	5.43	0-100% de óleo
ÓLEO DE MORINGA	55.7	39.1	21.7	919	22.754	11.47	óleo insuficiente
SEMENTE DE BORRACHA	44.0	39.9	33.0	920	10.814	4.00	óleo insuficiente
FEIJÃO DE SOJA	74.1	35.8	30.7	950	0.669	5.50	0-100% de óleo
FLOR DO SOL	78.9	45.6	24.7	953	2.124	7.64	0-100% de óleo

(Fontes: http://www.chanco.unima.mw/physics/biodieselanaly.html)

Tabela 1.6. Propriedades físicas e químicas dos ésteres metílicos

Éster metílico	Viscosidade cinemática a 20^0 C (m^2/s)	Viscosidade cinemática a 40^0 C (m^2/s)	Viscosidade cinemática a 70^0 C (m^2/s)	Densidade kg/m^3	Índice de acidez mgKOH/g	Glicerol (% em peso)
CASTOR	40.6	19.4	15.8	956	6.24×10^{-3}	80.39
SEMENTES DE ALGODÃO	25.0	23.1	16.1	921	2.04×10^{-3}	3.44
AMENDOIM	22.0	15.4	7.16	908	7.20×10^{-4}	1.03
ÓLEO DE MORINGA	22.4	13.3	11.1	903	2.15×10^{-3}	0.81
SEMENTE DE BORRACHA	23.9	21.7	19.8	891	6.29×10^{-3}	21.91
FEIJÃO DE SOJA	18.8	11.1	6.56	915	1.56×10^{-3}	8.69
FLOR DO SOL	18.9	13.2	8.80	909	3.07×10^{-3}	4.46

(Fontes: http ://www. chanco .unima. mw/physics/biodieselanaly.html)

1.6 Plantação de Castor: Situação atual

Foram identificadas quatrocentas e cinquenta espécies de plantas oleaginosas em várias partes da Índia. O óleo de rícino tem apenas menos de 0,15% do mercado internacional de sementes. Por esta razão, a Oil World, uma conhecida estatística de óleos vegetais, apenas regista os dados de produção, comércio e consumo nas margens. Desde o início da década de 1970, a produção de óleo de rícino tem aumentado continuamente, mas está, nalguns casos, sujeita a flutuações anuais de 20%, que são sobretudo o resultado de danos causados por tempestades na principal região de cultivo. Enquanto as sementes de rícino são utilizadas para a extração de óleo, outras partes da planta, como as folhas e a casca, podem ser utilizadas para o desenvolvimento de corantes orgânicos, medicamentos e biogás. A Índia possui vastas extensões de terras degradadas, principalmente em zonas com condições agro-climáticas adversas, onde as espécies de *rícino* podem ser facilmente cultivadas. A produção de 30 milhões de hectares de rícino para biodiesel pode substituir completamente a atual utilização de combustíveis na Índia.

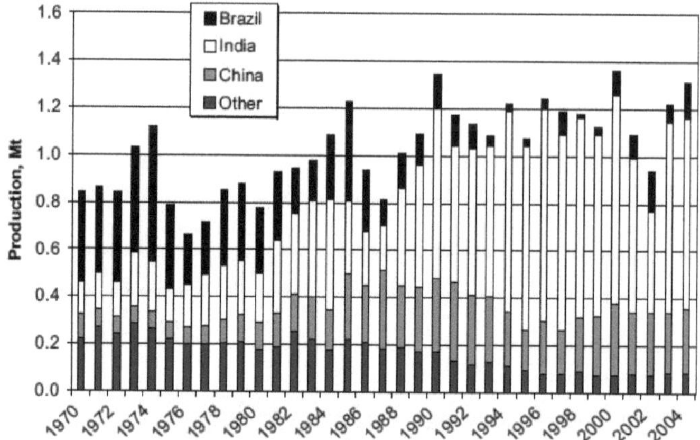

Figura. 1.3 Produção mundial de sementes de mamona

Na Índia, o sistema de rícino pressupõe que cria uma reciprocidade positiva entre a produção de matérias-primas/energia e a produção ambiental/alimentar, ou seja, quanto mais energia as sebes de rícino produzem, mais as culturas alimentares são protegidas dos animais e da erosão. Além disso, é criado um rendimento adicional, principalmente para as mulheres. A plantação foi planeada num total de 4.00.000 hectares de terra no país com os objectivos específicos de (i) aumentar o rendimento das plantas *de rícino* através da utilização de bom material de plantação, (ii) seleção de variedades com maior teor de sementes e (iii) desenvolvimento de técnicas de processamento que resultem numa recuperação máxima do óleo das sementes.

1.7 Produção de biodiesel a partir da mamona

A produção de biodiesel a partir da *rícino* é um processo sistemático que começa com a preparação das sementes, passando pelo processamento e filtragem do óleo. O diagrama de fluxo deste processo, o processo de transesterificação, é apresentado na Figura 1.4. A transesterificação, também designada por alcoólise, é a deslocação química do álcool de um éster por outro álcool, num processo semelhante ao da hidrólise. O metanol é mais comummente utilizado para este fim devido ao seu baixo custo e disponibilidade. O metanol é mais barato do que o etanol. Também pode ser produzido a partir de uma maior variedade de materiais de biomassa, bem como de carvão e gás natural. Além disso, o metanol é o combustível mais seguro para motores, porque é muito menos inflamável do que o etanol [5]. O etanol e os álcoois superiores, como o isopropanol e o butanol, também podem ser utilizados para a esterificação. A utilização de álcoois de maior peso molecular melhora as propriedades de fluxo a frio do biodiesel, mas reduz a eficiência do processo de transesterificação. O processo é mais rápido quando catalisado por álcali (Freedman et al. 1986) e, por conseguinte, o processo de transesterificação catalisado por álcali (Figura 1.6) é amplamente utilizado para o efeito. Vários factores conhecidos por afetar o processo de transesterificação (Hofman et al. 2006) são (i) a temperatura do óleo, (ii) a temperatura da reação, (iii) a relação entre o álcool e o óleo, (iv) o tipo e a concentração do catalisador, (v) a intensidade da mistura e (vi) a pureza dos reagentes.

1.8 Composição química do óleo de rícino

Tal como outros óleos vegetais, o óleo de rícino é um triglicérido de vários ácidos gordos e cerca de 10% de glicerina. Os ácidos gordos consistem em aproximadamente 85-95% de ácido ricinoleico, 1-5% de ácido linoleico, 2-6% de ácido oleico e 1-5% de ácidos gordos saturados. O elevado teor de ácido ricinoleico é a razão do valor versátil do óleo de rícino na tecnologia. Em comparação com outros óleos vegetais, o óleo de rícino tem uma proporção muito elevada de ácidos gordos simplesmente insaturados (18:1). Uma proporção comparativamente elevada desses ácidos só pode ser encontrada no óleo de girassol de alto teor oleico (HO), aparecendo, no entanto, como ácido oleico. No óleo de rícino é o ácido ricinoleico, o único ácido gordo insaturado que ocorre em óleos vegetais naturais com uma função hidroxilo do átomo de carbono 12. A viscosidade extraordinariamente elevada do óleo de rícino é atribuída à presença do grupo hidroxilo. Tabela no. 1.7 Composição em ácidos gordos do óleo de rícino.

Quadro 1.7 Composição química do óleo de rícino

Nome do ácido	Intervalo percentual médio
Ácido ricinoleico	85 a 95 %
Ácido oleico	2 a 6 %
Ácido linoleico	1 a 5 %
Ácido linolénico	0,5 a 1 %
Ácido esteárico	0,5 a 1 %
Ácido palmítico	0,5 a 1 %
Ácido di-hidroxisteárico	0,3 a 0,5 %
Outros	0,2 a 0,5 %

M. C. Navindgi et al.

1.9 Transesterificação: Prática Industrial - Processo Lurgi

O processo de transesterificação de Lurgi é o mais utilizado para a produção de biodiesel, envolvendo a mistura intensiva de metanol com o óleo na presença de um catalisador e, em seguida, a separação da fase éster metílico mais leve por gravidade do glicerol mais pesado. Para efeitos do presente documento, os pormenores do processo não são aqui discutidos. Algumas caraterísticas fundamentais do processo de biodiesel da Lurgi são as seguintes

- Tecnologia aplicável a múltiplas matérias-primas.

- Processo contínuo à pressão atmosférica e a 60° C.

- Sistema de Reator Duplo que funciona com uma configuração patenteada de Fluxo Cruzado de Glicerina para uma conversão maximizada.

- Recuperação e reciclagem de metanol.

- Ciclo fechado de reciclagem de água de lavagem para minimizar as águas residuais.

- Separação de fases por processo gravítico (não são necessárias centrifugadoras).

Quase todo o biodiesel é produzido utilizando o processo de transesterificação catalisado por bases, uma vez que é o mais económico, exigindo apenas baixas temperaturas e pressões, com um rendimento de 98%. Outros processos em desenvolvimento incluem a transesterificação biocatalisada, a pirólise de óleos/sementes vegetais e a transesterificação em metanol supercrítico (Saka e Kusdiana 2001, Kusdiana e Saka 2001). As questões críticas subjacentes ao processo de transesterificação são: (i) a interferência dos ácidos gordos livres (AGL) na transesterificação desactiva o catalisador básico, resultando na perda do catalisador e no rendimento do biodiesel; (ii) como o teor de água do óleo desactiva os catalisadores, pode ser necessária a secagem do óleo; e (iii) os sabões formados com o catalisador básico são difíceis de remover (Canakci e Gerpen 2001, Dorado et al. 2002).

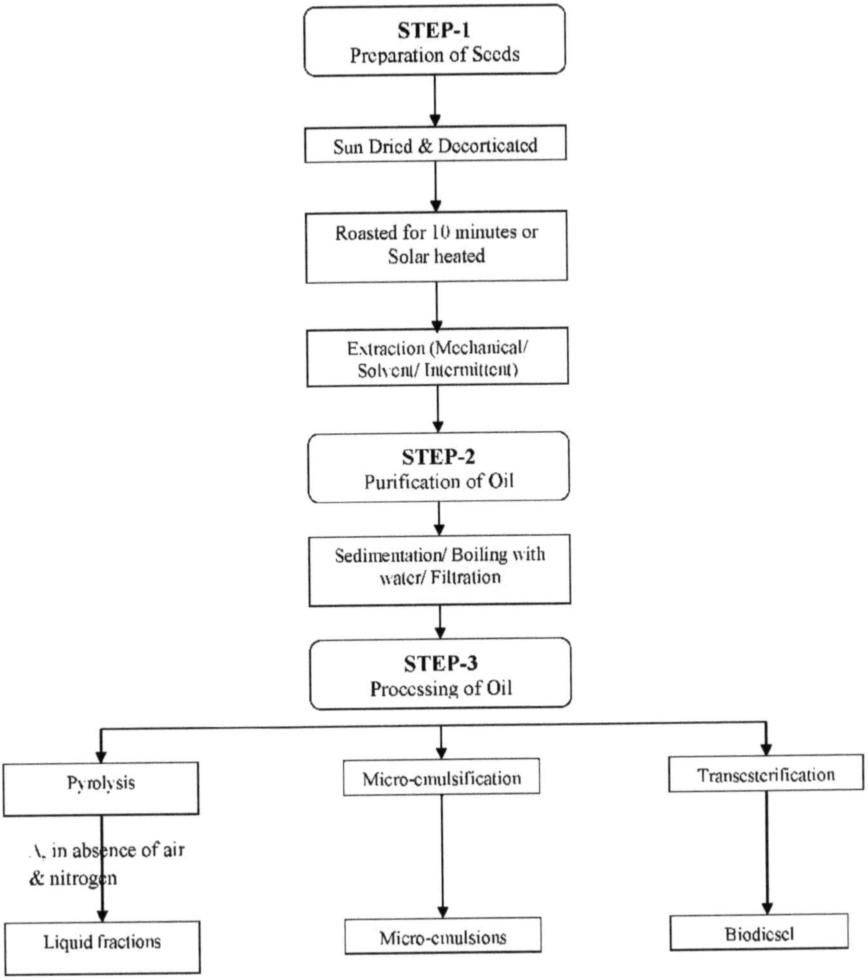

STEP-1
Preparation of Seeds
Sun Dried & Decorticated
Roasted for 10 minutes or Solar heated
Extraction (Mechanical/ Solvent/ Intermittent)
STEP-2
Purification of Oil
Sedimentation/ Boiling with water/ Filtration
STEP-3
Processing of Oil
Pyrolysis
Micro-emulsification
Transesterification
in absence of air & nitrogen
Liquid fractions
Micro-emulsions
Biodiesel

Figura 1.4 Fluxograma do processo de transformação da mamona em biodiesel: Etapas do processo

$$\underset{\text{Ester}}{RCOOR^1} + \underset{\text{Alcohol}}{R^2OH} \xrightleftharpoons{\text{Catalyst}} \underset{\text{Ester}}{RCOOR^2} + \underset{\text{Alcohol}}{R'OH}$$

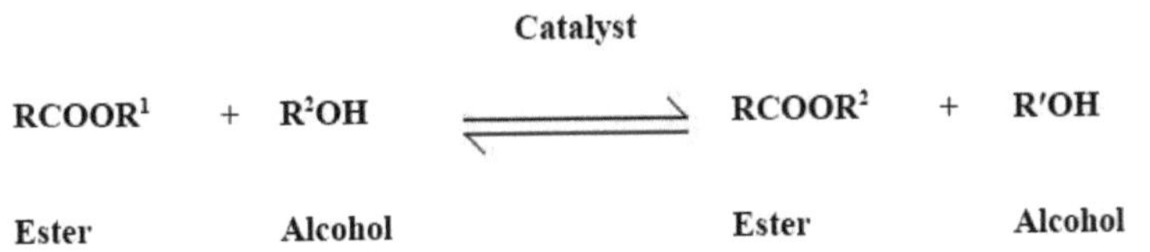

Figura 1.5 (a). Equação geral da transesterificação

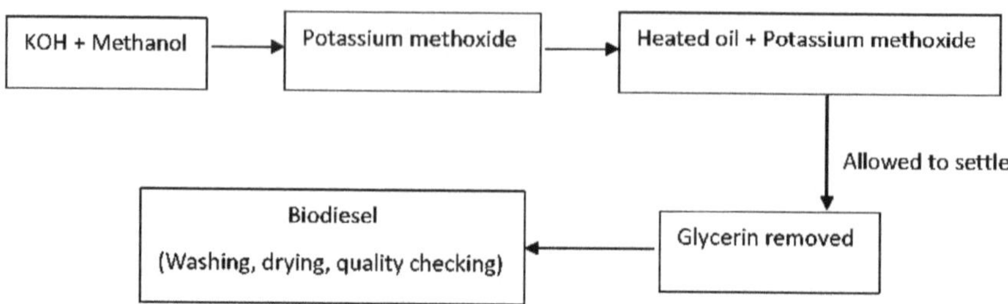

Figura 1.5(b). Diagrama de fluxo do processo de transesterificação catalisado por álcali

1.10 Processo de transesterificação: Estado atual

No Instituto Indiano de Tecnologia Química (IICT), em Hyderabad, foi desenvolvido um processo à escala de bancada para a transesterificação sem catalisador de óleo de sementes de Jatropha, outros óleos vegetais, óleo ácido, etc. O produto bruto é posteriormente processado para obter biodiesel que cumpra as especificações ASTM. O IICT está a trabalhar no desenvolvimento de um processo ecológico para o biodiesel utilizando catalisadores sólidos e enzimas. O Departamento de Bioenergia da Universidade Agrícola de Tamil Nadu (TNAU), Coimbatore, estudou diferentes variações de metanol, hidróxido de sódio, tempo de reação e temperatura de reação para otimizar as condições do processo com vista a um rendimento máximo de biodiesel na transesterificação catalisada por álcali do óleo *de Jatropha* (comunicação pessoal). Foi obtido um rendimento médio de biodiesel de 96% numa unidade de biodiesel em escala superior da TNAU. A sua unidade piloto com uma capacidade de 250 litros/dia é constituída por um reator de biodiesel com dispositivos de aquecimento e agitação, um tanque de mistura de catalisadores, tanques de decantação de glicerol e um tanque de lavagem de biodiesel. As propriedades do biodiesel (ácidos gordos livres, índice de acidez) foram consideradas como estando dentro dos limites especificados. O processo de transesterificação foi optimizado e patenteado pelo Centro de I&D da Indian Oil Corporation Limited (IOCL).

1.11 Subproduto

Embora a utilização do biodiesel pareça ser promissora, a menos que os subprodutos e co-produtos possam ser utilizados e comercializados em grande escala, os agricultores não podem receber um preço sustentável. A comercialização adequada dos subprodutos é necessária para a viabilidade económica. Os subprodutos comuns produzidos durante a transformação do biodiesel são o glicerol (Kurki et al. 2006) e o bagaço de oleaginosas (Sudarsan e Anupama 2006). Ao produzir 1 TM de óleo de Jatropha limpo, podem ser obtidas como subprodutos 1,9 TM de bagaço de sementes de óleo, excluindo a casca, e 0,095 TM de glicerol. Os subprodutos derivados do processamento de biodiesel também podem ser utilizados de várias formas, tais como (i) insecticidas e moluscicidas, (ii) produção de sabão, (iii) lubrificação de motores, e (iv) usos medicinais e outros.

1.12 Vantagens do Biodiesel

As vantagens do biodiesel são enumeradas a seguir:

• O biodiesel não é tóxico e é amigo do ambiente, uma vez que produz substancialmente menos monóxido de carbono e 100% menos emissões de dióxido de enxofre, sem hidrocarbonetos não queimados, o que o torna um combustível ideal para cidades altamente poluídas (Hofman et al. 2006).

• O biodiesel reduz o teor de partículas no ar ambiente e, por conseguinte, reduz a toxicidade atmosférica (Coltrain 2002). Permite uma redução de 90% dos riscos de cancro e de defeitos neonatais devido à sua combustão menos poluente.

• No entanto, em comparação com um derrame de gasóleo de petróleo, os danos seriam menores, tanto porque a toxicidade do biodiesel para os organismos vivos é menor como porque se degrada duas vezes mais rapidamente no ambiente (Zhang et al. 1998).

• O biodiesel é biodegradável e renovável por natureza.

• O biodiesel pode ser utilizado sozinho ou misturado em qualquer proporção com o gasóleo convencional. A proporção preferida de mistura varia entre 5 e 20 por cento (Hofman et al. 2006).

• O biodiesel prolonga a vida dos motores a gasóleo.

• O biodiesel pode ser mais barato do que o gasóleo convencional e, por conseguinte, tem um bom potencial para a criação de emprego rural (Kurki et al. 2006).

1.13 Biodiesel: O balanço energético

O balanço energético líquido de várias matérias-primas para o etanol e o biodiesel tem sido um centro de debate nos círculos científicos e políticos. O balanço energético refere-se a "uma comparação entre a energia armazenada num combustível e a energia necessária para cultivar, processar e distribuir esse combustível" (Tickell 2000). De acordo com a maioria das fontes, o biodiesel apresenta um balanço energético positivo: por cada unidade de energia necessária para produzir biodiesel, são ganhas 2,5 a 3,2 unidades de energia. Os dados sugerem que o óleo virgem de outras fontes que não a soja pode ter um teor energético ainda mais elevado. Globalmente, diz-se que o biodiesel tem o rendimento energético mais elevado de todos os combustíveis líquidos. Segue-se uma lista de combustíveis com o seu nível de rendimento energético, de acordo com o sítio Web do Departamento de Agricultura do Minnesota (Groschen R, www.mda.state.mn.us):

• O biodiesel tem um rendimento energético de 3,2 (óleo de soja).

• O bioetanol tem um rendimento energético de 1,34.

• O petrodiesel tem um rendimento energético de 0,843.

- A gasolina de petróleo tem um rendimento energético de 0,805.

Quadro 1.8 Consumo de energia per capita em diferentes países (Dados actualizados pelo banco mundial última atualização 9 de março de 2012)

País	Energia (kg) per capita (2007)	Energia (kg) per capita (2008)	Energia (kg) per capita (2009)
Estados Unidos	7749	7481	7045
Austrália	5939	6019	5971
Rússia	4733	4850	4561
Alemanha	4033	4076	3889
Reino Unido	3448	3390	3184
Singapura	3411	3452	3704
México	1611	1637	1559
China	1490	1599	1695
Brasil	1240	1298	1243
Indonésia	810	816	851
Índia	**530**	**543**	**585**

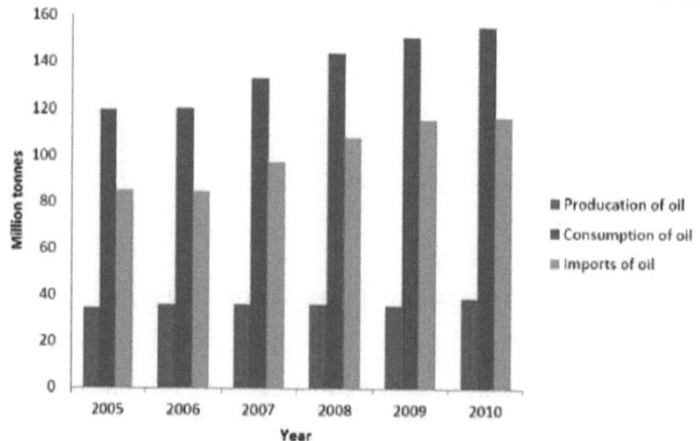

Figura 1.6. Cenário petrolífero indiano (análise estatística do banco mundial, 2011)

Apesar de todas as vantagens acima enumeradas, o biodiesel é suscetível de colocar certos problemas ambientais, tais como o esgotamento do oxigénio nos sistemas aquáticos (Steenblik 2006). Sendo de natureza biológica, durante o derrame de óleo, este sofre uma série de degradação biológica e esgota o oxigénio dissolvido disponível nas massas de água que, de outra forma, permaneceria disponível para os organismos aquáticos. Uma vez que as árvores estão envolvidas na produção de biodiesel, podem afetar o ambiente de outra forma devido às actividades de corte e abate de árvores.

- O biodiesel tem uma fraca estabilidade à oxidação. A utilização de aditivos de estabilidade à oxidação é necessária para resolver este problema.

- A baixa temperatura pode fazer com que o biodiesel gelifique, mas ao aquecer liquefaz-se rapidamente. Por conseguinte, o isolamento/revestimento dos tanques de armazenamento e das condutas teria de ser efectuado nas zonas de baixa temperatura.

- Para evitar a oxidação e a sedimentação dos tanques com biodiesel, recomenda-se a utilização de tanques de armazenamento feitos de alumínio, aço, etc.

1.14 O cenário indiano

- A Índia é o líder mundial na produção de sementes e óleo de rícino e domina o comércio internacional de óleo de rícino.

- A variedade indiana de rícino tem 48% de teor de óleo, dos quais 42% podem ser extraídos, enquanto a torta retém o restante.

- A produção de óleo de rícino da Índia oscila entre 2,5-3,5 lakh toneladas por ano. Em 2003-04, a produção de óleo de rícino da Índia foi estimada em 2,8 lakh toneladas.

- Gujarat é responsável por 86% da produção indiana de sementes de rícino, seguido de Andhra Pradesh e Rajasthan. A rícino é cultivada principalmente nas regiões de Mehsana, Banaskantha e Kutch, em Gujarat, e nos distritos de Nalgonda, em Andhra Pradesh.

- A rícino é uma cultura kharif. A época de sementeira da rícino é de julho a outubro e a época de colheita é de outubro a abril.

- Uma quantidade considerável de óleo de rícino é também utilizada na adulteração de óleos alimentares, como o óleo de amendoim, devido a diferenças de preço.

1.15 Produção comercial de biodiesel: esforços da Índia

Aproximadamente 85 % do custo de funcionamento de uma fábrica de biodiesel na Índia é o custo de aquisição da matéria-prima. Garantir a sua própria matéria-prima para assegurar o fornecimento a um preço justo e adquiri-la localmente para evitar longos percursos de entrega das sementes à fábrica de biodiesel são factores críticos para controlar a rentabilidade. O custo de capital, tanto na Índia como a nível internacional, é de cerca de Rs 15 000-20 000 por tonelada de biodiesel produzido. A 10000 MTPA, o custo de capital da unidade de extração de óleo e de transesterificação seria de Rs 20 000/MT de capacidade. Uma dimensão de fábrica de 10 000 MTPA pode ser considerada óptima, assumindo o custo da extração de óleo em Rs 2360/MT e o custo da transesterificação em Rs 6670/MT, com subprodutos produzidos a 2,23 MT de bagaço de sementes/MT de biodiesel e 95 kg de glicerol por MT de biodiesel. Os custos fixos relativos a mão de obra, despesas gerais e manutenção correspondem a 6% do custo de capital e a depreciação a 6,67% do custo de capital. O retorno do investimento (ROI) é de 15 por cento antes de impostos sobre o custo de capital. De acordo com o documento Vision 2020 do Governo da Índia, o cultivo de 10 milhões de hectares com Jatropha geraria 7,5 milhões de toneladas de combustível por ano, criando empregos durante todo o ano para cinco milhões de pessoas (Shanker e Dhyani 2006). Atualmente, o biodiesel produzido especialmente a partir de plantas como a mamona custa Rs 30/litro, enquanto o Ministério do Petróleo aprovou um preço de Rs 25/litro para o biodiesel a ser vendido através dos pontos de venda autorizados, com efeitos a partir de janeiro de 2006.

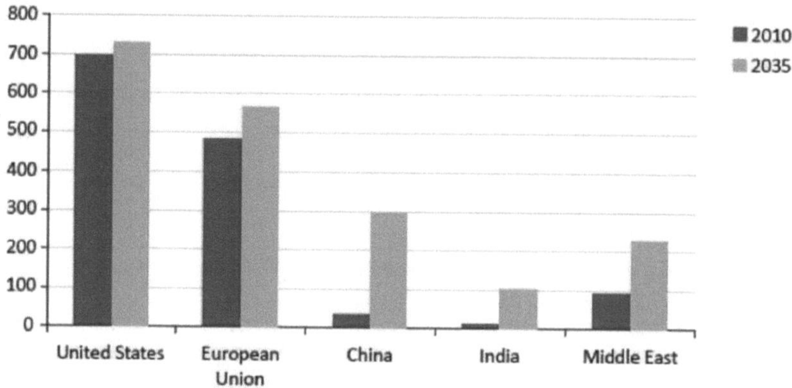

Figura 1.7 Veículos por 1000 pessoas em mercados selecionados (apresentado no World Energy Outlook 2007)

1.16 Utilização de biodiesel: Ensaios de campo

O gasóleo representa quase 40% da energia consumida sob a forma de combustíveis fósseis e a sua procura está estimada em 40 milhões de toneladas. Por conseguinte, a mistura com alternativas menos dispendiosas torna-se uma questão nacional importante, que, para além de proporcionar dividendos económicos, reduz a fatura petrolífera do país. Nos últimos anos, várias instituições, nomeadamente o COI, o ICAR e o IIT-Delhi, efectuaram ensaios em automóveis que utilizam biodiesel, os quais confirmaram que o biodiesel pode reduzir o desgaste dos motores e diminuir significativamente a poluição petrolífera (Sudarsan e Anupama 2006).

As empresas do sector privado também têm centrado o seu trabalho de I&D no desempenho do motor com biodiesel e nas suas caraterísticas de poluição. Algumas das principais empresas que estão a liderar os ensaios de campo com biodiesel incluem a Tata Motors Ltd, a Mahindra & Mahindra Ltd, a Wartsila India Ltd, etc. Os comboios têm funcionado com êxito com misturas de 5-10% de biodiesel em associação com a IOCL. A HPCL está a realizar ensaios no terreno em associação com a BEST, Mumbai. A Daimler Chrysler India concluiu a primeira fase dos ensaios de campo com dois automóveis Mercedes-Benz de classe C movidos a biodiesel puro e percorreu mais de 5900 km em condições de calor e humidade. Delhi em veículos Tata Sumo e Swaraj Mazda. A empresa Haryana State Transport utilizou autocarros a biodiesel.

1.17 Biodiesel: experiências internacionais

Vários países do mundo têm programas activos de biodiesel. Também prestaram apoio legislativo e elaboraram políticas nacionais sobre o desenvolvimento do biodiesel. A França é o maior produtor mundial de biodiesel; o seu gasóleo convencional contém 2 a 5 por cento de biodiesel, o que em breve se aplicará a toda a Europa. O biodiesel à base de soja está a ser produzido nos EUA (Schlautman et al. 1986). O biodiesel à base de colza é produzido na Alemanha (Meher et al. 2006). A Alemanha tem mais de 1.500 estações de abastecimento de biodiesel. O biodiesel à base de girassol tem tido um bom sucesso em França e no Reino Unido. O potencial total da jatrofa está longe de ser atingido. O Agricultural Research Trust (ART), no Zimbabué, desenvolveu variedades não tóxicas de *J. curcas*, o que tornaria o bagaço de sementes, após a extração do óleo, adequado para a alimentação animal sem a sua desintoxicação. O cultivo e a gestão da Jatropha estão mal documentados na África do Sul e existe pouca experiência no terreno. Atualmente, os produtores não conseguem obter os melhores benefícios económicos da planta. Os mercados para os diferentes produtos não foram devidamente explorados ou quantificados, nem os custos ou retornos (tanto tangíveis como intangíveis) para fornecer matérias-primas ou produtos a esses mercados. Consequentemente, os produtores reais ou potenciais, incluindo os do sector de subsistência, não dispõem de uma base de informação adequada sobre o potencial e a economia dessas plantas para tomarem decisões relacionadas com a sua subsistência, para não falar da sua exploração comercial.

Os severos regulamentos sobre emissões em todo o mundo impuseram limitações de conceção aos motores a gasóleo para veículos pesados. A tendência para combustíveis mais limpos está a crescer em todo o mundo e isso é possível através do biodiesel à base de Jatropha. No entanto, o biodiesel de algas (atualmente ainda em fase experimental inicial), o biocombustível de segunda geração, pode ser promissor para a produção em massa de combustíveis líquidos de forma mais sustentável do que o etanol, o biodiesel de soja ou qualquer outro combustível líquido derivado de biomassa, resíduos ou fósseis. O Departamento de Energia dos Estados Unidos informou que o biodiesel pode ser produzido a partir de algas em tanques autónomos, utilizando água salgada e luz solar como ingredientes principais. A produção de gasóleo a partir de algas pode ser feita por muito menos do que o custo atual do gasóleo (Ewall 2006).

1.18 Biodiesel: implicações socioeconómicas

O cultivo de espécies de biocombustíveis tem várias implicações socioeconómicas, tanto positivas como negativas. Algumas das espécies vegetais apropriadas para a produção de biocombustíveis são capazes de crescer em terras áridas e com stress hídrico. O seu cultivo também é menos intensivo em fertilizantes e produtos químicos, o que significa que os agricultores precisam de investir menos dinheiro nas suas explorações e podem utilizar terrenos que não são adequados para outras culturas, incluindo culturas alimentares. Uma vez que a produção de biocombustíveis e de biodiesel não pode ser uma atividade doméstica, é necessário desenvolver mecanismos institucionais adequados. São também essenciais instituições adequadas e socialmente empenhadas, para garantir a segurança financeira e que os rendimentos não estejam à mercê das empresas ou agências produtoras de biocombustíveis patrocinadoras.

1.19 Caraterísticas de combustão do motor C.I

O processo de combustão no motor C.I. é fundamentalmente diferente do de um motor S.I. No motor C.I., apenas o ar é comprimido através de uma grande taxa de compressão (12:1 a 22:1) durante o curso de compressão, aumentando a sua temperatura e pressão. Neste ar altamente comprimido e aquecido na câmara de combustão, um ou mais jactos de combustível são injectados no estado líquido comprimido a uma pressão elevada de 150 a 200 kgf/cm^2 por meio de uma bomba de combustível. Cada gotícula minúscula, ao entrar no ar quente (temperatura de 450 a 550 graus C e pressão de 30 a 40 kgf/cm^2), é rapidamente envolvida por um invólucro dos seus próprios vapores e este, por sua vez, inflama-se à superfície do invólucro durante um intervalo apreciável.

A combustão num motor diesel é um processo físico e químico complicado que começa após a injeção de combustível na câmara de combustão e continua até à exaustão dos gases queimados. A razão da complexidade reside no facto de a combustão depender de muitos parâmetros diferentes, como a mistura de ar e combustível, a pressão e o tempo de injeção. A vaporização do combustível é também um processo complexo na câmara de combustão. Esta taxa de libertação de calor depende do combustível injetado, do atraso da ignição e do processo de combustão. O desempenho do motor diesel, a eficiência da combustão e as emissões estão simplesmente relacionados com a conceção do motor, os parâmetros de funcionamento e as propriedades do combustível. Este parâmetro é importante para otimizar o desempenho do motor e para reduzir as emissões. O conteúdo e as caraterísticas químicas do gasóleo determinam as emissões e as caraterísticas de potência-torque. Um processo de combustão insuficiente no cilindro do motor e as propriedades do combustível desempenham um papel significativo no aumento ou diminuição dos poluentes de escape. As propriedades físicas do combustível, como a viscosidade, a volatilidade e o ponto de inflamação, também afectam o processo de combustão. A viscosidade afecta a vaporização do combustível e a volatilidade assegura uma boa mistura do combustível com o ar.

CAPÍTULO 2

REVISÃO DA LITERATURA

É muito importante e essencial dispor de informações suficientes para iniciar um trabalho de investigação e levá-lo a cabo na direção correta. Para qualquer melhoria e modificação num determinado domínio, é sempre necessário o seu historial, dados exactos, resultados e respectiva análise.

2.1 PRODUÇÃO DE BIODIESEL A PARTIR DE ÓLEO DE RÍCINO

Hemant Y. Shrirame et al., (2011) O biodiesel é o produto obtido quando um óleo de origem orgânica, como o óleo vegetal ou a gordura animal, reage quimicamente com um álcool para produzir um éster alquílico de ácido gordo. Tornou-se uma alternativa interessante para utilização em motores a gasóleo, porque tem propriedades semelhantes às do gasóleo fóssil tradicional e pode, assim, substituir o combustível convencional sem qualquer modificação ou com uma modificação muito pequena do motor. Uma das caraterísticas atractivas do biodiesel é a sua biodegradabilidade e o facto de ser mais amigo do ambiente do que os combustíveis fósseis, o que resulta num menor impacto ambiental em caso de libertação acidental para o ambiente. As emissões, como as de hidrocarbonetos totais e de CO, são geralmente consideradas significativamente baixas com o biodiesel em comparação com o gasóleo de petróleo. Isto pode dever-se a uma combustão mais completa causada pelo aumento do teor de oxigénio na chama proveniente das moléculas de biodiesel.

A produção de combustível à base de óleo vegetal é muito atractiva para países em desenvolvimento como a Índia. Os óleos vegetais são uma fonte de energia renovável e potencialmente inesgotável, com um teor energético próximo do do gasóleo. Para além de estar disponível localmente, ser renovável e barato, o biodiesel pode ser um bom substituto do gasóleo. Verifica-se que o biodiesel arde mais eficientemente do que o gasóleo. As emissões de monóxido de carbono, hidrocarbonetos, óxidos de azoto e fumo diminuíram 58, 63, 12 e 70 por cento, respetivamente, em comparação com o gasóleo.

P.Sreenivas et al., (2011) O óleo de rícino bruto foi transesterificado utilizando NaOH como catalisador e metanol para formar biodiesel. A conversão foi de 92% a 600c. As propriedades do combustível, como a viscosidade, a densidade, o ponto de inflamação, o ponto de inflamação e o valor calorífico do produto transesterificado (biodiesel), comparam-se bem com as normas aceites para o biodiesel, ou seja, as normas ASTM e as normas indianas para o biodiesel. A viscosidade do óleo de biodiesel é mais próxima da do gasóleo e o valor calorífico é cerca de 12% inferior ao do gasóleo. É mais lubrificante do que o gasóleo, pelo que aumenta a vida útil dos motores, é biodegradável, não é tóxico, tem um ponto de inflamação elevado e, por conseguinte, é seguro de transportar e armazenar, é um combustível oxigenado e, por conseguinte, tem uma combustão limpa, tem uma baixa viscosidade e, por conseguinte, melhora a injeção e a atomização, o número de cetano dos ésteres é superior, reduz as emissões, reduz em 90% o risco de cancro, fornece energia doméstica e renovável.

Este método de produção de biodiesel a partir de óleo de rícino (tratado com óleo de terebintina mineral) por transesterificação do óleo bruto com metanol na presença de NaOH como catalisador. Este método envolve principalmente a "esterificação". São analisados os factores que afectam a produção de biodiesel (temperatura de reação, taxa de reação e catalisador). O processo de esterificação converte o óleo de rícino nos seus ésteres metílicos. As propriedades importantes do combustível dos ésteres metílicos do biodiesel produzido a partir do óleo de rícino, como a viscosidade, o ponto de inflamação, o ponto de fogo, o valor calorífico, etc., foram determinadas e comparadas com as propriedades do biodiesel padrão indiano. A produção de biodiesel a partir de óleo de rícino é uma alternativa viável ao gasóleo.

Thomas et al., (2012) A transesterificação dos quatro óleos avaliados neste estudo com metanol e etanol foi considerada um método eficaz para reduzir a viscosidade dos óleos. O óleo de rícino deu o maior rendimento (93%) de ésteres metílicos e o óleo de semente de algodão usado deu o menor rendimento (68%), o que indica o potencial de utilização do óleo de rícino como matéria-prima de biodiesel. Uma forma possível de utilizar o óleo de rícino como matéria-prima potencial é reduzir a sua viscosidade misturando-o com outro óleo vegetal ou gasóleo.

Jaecker-Voirol et al., (2008) relataram um teste de desempenho de emissões para várias formulações de biodiesel, incluindo misturas de biodiesel de éteres diglicerílicos e de matriz, que libertam menos poluentes atmosféricos regulamentados e tóxicos em comparação com o biodiesel isolado. No entanto, a utilização de isobuteno para produzir éteres de die e diglicerilo a partir de glicerol necessita de mais investigação, uma vez que o isobuteno é dispendioso, atualmente produzido a partir de fontes não renováveis e requer uma pressão elevada para a reação de esterificação do glicerol. Um estudo realizado na Índia indicou que, se 10% da produção total de óleo de rícino for transesterificada em biodiesel, podem ser poupadas anualmente cerca de 79 782 toneladas de emissões de CO2. O CO2 libertado durante a combustão do biodiesel pode ser reciclado através da produção da cultura seguinte, pelo que não há encargos adicionais para o ambiente.

Paula Berman et al., (2011) A rícino (Ricinus communis L.) é uma importante cultura oleaginosa não comestível, considerada uma matéria-prima industrial vital. As sementes de rícino são venenosas para os seres humanos e animais, uma vez que contêm a proteína tóxica ricina, embora ausente do próprio óleo. A nível mundial, a rícino é cultivada em 12600 km^2 com uma produção anual de sementes de 1,14 Mt e um rendimento médio de sementes de 902 kg /ha. Está disponível a baixo custo e a planta é conhecida por tolerar diversas condições climatéricas. Além disso, a mamona pode ser cultivada em terras marginais, geralmente inadequadas para culturas alimentares. Todas estas caraterísticas tornam-na uma matéria-prima alternativa atractiva para o biodiesel. O óleo de rícino é constituído principalmente por ácido ricinoleico. O elevado nível deste FA hidroxilado confere propriedades únicas ao óleo e ao biodiesel produzidos a partir dele.

Conceicao et al., (2007) O biodiesel de mamona tem menor custo em relação ao obtido a partir de outros óleos vegetais devido à sua solubilidade em álcool e, assim, a reação de transesterificação pode ocorrer à temperatura ambiente. Além disso, não contém enxofre, possui maior número de cetano, o que indica uma melhor qualidade de ignição, e possui mais oxigênio, tornando sua combustão mais completa. Conceição et al. estudaram a caraterização termoanalítica e físico-química do óleo de mamona e do biodiesel utilizando algumas técnicas como a análise térmica e a cromatografia gasosa.

Sousa et al., (2010) Sousa estudou a neutralização do óleo de rícino com glicerol, um subproduto da produção de biodiesel, e o seu efeito na reação de transesterificação do óleo de rícino e metanol. O rendimento dos ésteres metílicos obtidos a partir do óleo de rícino neutralizado foi superior ao rendimento obtido a partir do óleo bruto, nas mesmas condições de operação. Foi proposto um fluxograma para incluir a etapa de neutralização no fluxograma industrial.

De Oliveira et al., (2004) De Oliveira estudou a produção de ésteres etílicos de ácidos gordos a partir de óleo de rícino utilizando n-hexano como solvente e duas lipases comerciais, Novozym 435 e Lipozyme IM, como catalisadores. Para tal, foi adotado um desenho experimental de Taguchi, considerando as seguintes variáveis: temperatura (35-65^0 C), concentrações de água (0-10 wt/wt %) e de enzimas (5-20 wt/wt %) e razão molar óleo/etanol (1:3 a 1:10).

De Lima Da Silva et al., (2006) De Lima Da Silva apresentou a transesterificação do óleo de rícino (CO) utilizando etóxido de sódio. As variáveis de transesterificação estudadas neste trabalho foram a temperatura de reação, a concentração do catalisador e a razão molar álcool-óleo. A metodologia de superfície de resposta (RSM) ou análise de superfície de resposta foi utilizada, pois permite a consideração simultânea de muitas variáveis em diferentes níveis e as interações entre essas variáveis, utilizando um número menor de observações do que os procedimentos convencionais. Além disso, a técnica de interferência estatística pode ser utilizada para avaliar a importância dos factores individuais, a adequação da sua forma funcional e a sensibilidade da resposta de cada fator.

Jeong e Park et al., (2005) Jeong e Park realizaram experiências utilizando a metodologia de superfície de resposta (RSM) para identificar os factores de reação ideais para um processo de síntese de biodiesel que utilizava óleo de rícino como matéria-prima. Entre os três factores, a temperatura da reação afectou ligeiramente a reação, devido principalmente a determinadas caraterísticas do óleo de rícino, nomeadamente a solubilidade do álcool e a elevada viscosidade. As suas experiências estatísticas produziram os seguintes valores de factores de reação óptimos: temperatura de reação, $35,5^0$ C; razão molar óleo/metanol, 1:$8,24$; e $1,45$ wt. % de catalisador (KOH), com um tempo de reação de 40 min. Sob estas condições óptimas previstas, obtiveram biodiesel de óleo de rícino com um teor de ésteres de ácidos gordos de aproximadamente 92% em peso.

Cavalcante et al., (2010) Cavalcante otimizou a síntese de ésteres de ácidos graxos a partir do óleo de mamona utilizando um catalisador alcalino. As variáveis tempo de reação, quantidade de catalisador e razão molar óleo: etanol foram estudadas utilizando um delineamento central composto rotacional. Os efeitos e a significância dos modelos na variável de resposta e no rendimento do biodiesel etílico derivado do óleo de rícino puro foram avaliados utilizando uma curva de superfície de resposta e análise de variância. Todas as variáveis afectaram significativamente o rendimento da reação, sendo a quantidade de catalisador a mais eficaz. O rendimento mais elevado foi obtido utilizando a razão molar óleo: etanol de 1:11, 1,75% KOH e um tempo de reação de 90 min.

Sreeprasanth et al., (2006). Sreeprasanth avaliou os complexos de cianeto de metal duplo como catalisadores sólidos na preparação de ésteres alquílicos de ácidos gordos (biodiesel/biolubrificantes) a partir de óleos vegetais. As condições de reação foram 3 wt.% de catalisador em relação ao óleo, razão molar óleo:metanol de 1:15, uma temperatura de reação de 1700 C e um tempo de reação de 8 h. A conversão alcançada com óleo de rícino foi de 78,3%

2.2 ÓLEO DE RÍCINO COMO COMBUSTÍVEL UTILIZADO EM MOTORES DE AUTOMÓVEIS.

Mehmood Ali et al., (2008) O desempenho **do motor** foi medido utilizando 100% de HSD e apenas B10. Este rácio de mistura até 10% de biodiesel com diesel mineral para o sector automóvel até ao ano 2015. O desempenho do motor foi estudado a diferentes velocidades do motor, seguindo os procedimentos de outros trabalhadores. Depois de o motor atingir a condição de trabalho estabilizada, a potência bruta de travagem, o binário do motor aplicado e a temperatura de escape foram medidos e analisados.

Shahar Nizri et al., (2012) De acordo com estes resultados, as únicas propriedades do B100 que não cumpriram os limites padrão adequados foram o KV e o DT ($15,17$ mm^2 /s e $398,7^0$ C, respetivamente). Em contrapartida, a mistura cumpriu todas as especificações. É de salientar que a amostra B10 também cumpriu todas as outras especificações não relacionadas com o perfil de AF, com exceção do teor de água e de sedimentos. Este facto foi considerado muito importante para a utilização de CME numa mistura.

Saravanan et al., (2010) estudaram as caraterísticas de combustão de um motor diesel estacionário alimentado com uma mistura de éster metílico de óleo de farelo de arroz bruto e gasóleo. Observou-se que o período de atraso e a taxa máxima de aumento da pressão para a mistura de éster metílico de óleo de farelo de arroz bruto eram inferiores aos do gasóleo. A ocorrência da taxa máxima de libertação de calor avançou para a mistura de ésteres metílicos de óleo de farelo de arroz bruto com menor magnitude quando comparada com o gasóleo. Esta investigação assegura que a adequação da mistura de ésteres metílicos de óleo de farelo de arroz bruto como combustível para motores de ignição por compressão com um custo de combustível mais elevado

Raheman **et al., (2004)** Raheman avaliou o desempenho de misturas de biodiesel em diferentes taxas de compressão e tempos de injeção do motor. Para as mesmas condições de funcionamento, o desempenho do motor diminuiu com o aumento da percentagem de biodiesel na mistura. No entanto, com o aumento da taxa de compressão e o avanço do tempo de injeção, esta diferença foi reduzida e o desempenho do motor tornou-se comparável ao do diesel. Isto indicou a necessidade de calibrar o equipamento de injeção de combustível do motor para o novo combustível, a fim de obter o melhor desempenho.

Osmano Souza Valente et al., (2011) Experimentos realizados em um gerador de energia a diesel alimentado com misturas de biodiesel de mamona ou soja e óleo diesel mostraram que o SFC aumenta com o aumento do teor de biodiesel no combustível. Para o mesmo teor de biodiesel no combustível e para uma determinada potência de carga, o óleo de rícino e a soja apresentaram SFC semelhante. O SFC mais baixo e os níveis mais baixos de emissões de escape de CO_2, CO e HC por unidade de potência produzida foram obtidos a cerca de 2/3 da potência máxima produzida.

Em comparação com o gasóleo, as misturas de combustível biodiesel apresentaram maiores emissões de CO_2 a baixas cargas e menores emissões de CO_2 a altas cargas. As misturas de biodiesel produziram níveis de emissões de CO mais elevados do que o gasóleo em todas as gamas de potência de carga investigadas. As misturas de biodiesel de soja produziram níveis de emissões de CO_2 semelhantes aos das misturas de biodiesel de óleo de rícino, mas também produziram níveis mais elevados de emissões de CO. As emissões de HC foram geralmente mais elevadas quando as misturas de biodiesel foram utilizadas em vez de gasóleo, com ambos os tipos de biodiesel a produzirem resultados semelhantes.

Ekrem Buyukkaya, (2010) Foram efectuados testes experimentais para avaliar o desempenho, as emissões e a combustão de um motor diesel utilizando óleo de colza puro e as suas misturas de 5%, 20% e 70%, bem como gasóleo normal, separadamente. Os resultados indicam que a utilização de biodiesel produz uma menor opacidade dos fumos (até 60%) e um maior consumo específico de combustível na travagem (BSFC) (até 11%) em comparação com o gasóleo. As emissões de CO medidas dos combustíveis B5 e B100 foram 9% e 32% inferiores às do gasóleo, respetivamente. A BSFC do biodiesel nas condições de binário máximo e potência nominal foi 8,5% e 8% superior à do gasóleo, respetivamente. A partir da análise da combustão, verificou-se que o atraso na ignição foi menor para o óleo de colza puro e para as suas misturas testadas, em comparação com o do gasóleo normal. As caraterísticas de combustão do óleo de colza e das suas misturas com gasóleo seguiram de perto as do gasóleo normal.

M. C. Navindgi et al., (2012) Nesta investigação, o motor diesel foi configurado para funcionar com uma taxa de compressão de 18:1, um tempo de injeção avançado de 27°BTDC e uma pressão de injeção de 240 bar para chegar ao ótimo para os ésteres metílicos de rícino CME20. A baixa pressão de abertura do injetor, 200 bar e 220 bar, e a temporização de injeção retardada de 21°BTDC e 24°BTDC e uma taxa de compressão mais elevada de 17,5:1 e 16,5:1 foram também experimentadas, mas a investigação revelou que o desempenho e as emissões eram muito fracos. Observa-se que, a partir da investigação experimental durante o funcionamento de um motor diesel monocilíndrico alimentado com biodiesel de ésteres de óleo de rícino e respectivas misturas, a eficiência térmica máxima do travão é de CME20 (30,59%) a 27° BTDC e 240 bar com uma taxa de compressão de 18:1. Os resultados mostram que, a uma taxa de compressão de 18:1, uma pressão de abertura do injetor superior a 240 bar e um tempo de injeção avançado de 27°BTDC e CME20 podem proporcionar um melhor desempenho e melhores emissões.

ATUL DHAR et al., (2012) O desempenho, as emissões e as caraterísticas de combustão deste biodiesel foram avaliados num motor de ignição por compressão com injeção direta e velocidade constante. O consumo específico de combustível ao travão do biodiesel e das suas misturas foi superior ao do gasóleo mineral, mas a eficiência térmica ao travão de todas as misturas de biodiesel também foi superior à do gasóleo mineral. As emissões de BSCO e BSHC para o funcionamento do motor alimentado a biodiesel foram inferiores às do gasóleo mineral, mas as emissões de BSNOx foram superiores para as misturas de biodiesel. A combustão começou mais cedo para as misturas de biodiesel mais elevadas, mas o início da combustão foi ligeiramente atrasado para as misturas de biodiesel mais baixas em comparação com o gasóleo mineral. As tendências da taxa de libertação de calor para todas as misturas de biodiesel foram quase idênticas às do gasóleo mineral. A duração da combustão das misturas de biodiesel foi mais curta do que a do gasóleo mineral. Isto indica que podem ser utilizadas misturas mais baixas de biodiesel (até B20) em motores de ignição por compressão não modificados sem comprometer o desempenho do motor e as caraterísticas das emissões.

Carraretto et al., (2004) efectuaram investigações num motor diesel de seis cilindros de injeção direta utilizando misturas de biodiesel. O aumento da percentagem de biodiesel na mistura conduz a uma ligeira redução da potência e do binário em toda a gama de velocidades. O B100 conduz a uma redução de 3% na potência máxima e a uma redução de 5% no binário máximo. Com o B100, o binário máximo foi fornecido a um regime mais elevado do motor.

Nanundaiah et al., (2011) Após a transesterificação do óleo de Jatropha, a viscosidade cinemática e a gravidade específica reduziram-se para 5,86 cst e 0,873 a partir de 49,93 cst e 0,915, respetivamente. No entanto, o valor calorífico do óleo de Jatropha esterificado aumentou para 40695 kJ/kg, o que é cerca de 8-9% inferior ao do gasóleo. O consumo específico de combustível na travagem aumentou com o aumento da concentração de éster metílico no gasóleo e diminuiu com o aumento da pressão de injeção. A diferença entre o consumo de combustível das misturas de biodiesel e do gasóleo não foi significativa. Para todos os combustíveis testados, a eficiência térmica da travagem aumentou com o aumento da carga e com o aumento da pressão de injeção. A eficiência térmica de travagem máxima no caso do biodiesel foi de 29,84% para o B20 a uma pressão de injeção de 220 bar. Durante o funcionamento do motor com 100% de biodiesel e as suas misturas, as emissões, tais como a densidade dos fumos e os NOx, foram reduzidas em comparação com o gasóleo. Estas reduções de emissões podem dever-se à combustão completa do combustível. Com o aumento da pressão de injeção, as emissões como o NOx e a densidade do fumo foram reduzidas para o biodiesel e as suas misturas

2.3 EFEITO DA PRESSÃO DE INJECÇÃO E DO NÚMERO DE CETANO NO MOTOR CI

Lu Xing-Cai et al., (2004) investigaram a influência do melhorador do índice de cetano na taxa de libertação de calor e nas emissões de um motor diesel de alta velocidade alimentado com combustível de mistura etanol-diesel. Foram adicionadas diferentes percentagens de melhorador do índice de cetano (0, 0,2 e 0,4%) às misturas e os ensaios de motor foram efectuados num motor diesel de alta velocidade DI de 4 cilindros. Os resultados mostraram que o consumo específico de combustível na travagem (BSFC) aumentou, o BSFC equivalente ao gasóleo diminuiu, a eficiência térmica melhorou notavelmente e as emissões de NOx e de fumo diminuíram simultaneamente quando o motor diesel foi alimentado com combustíveis de mistura etanol-diesel; as emissões de NOx e de fumo diminuíram ainda mais quando o melhorador do CN foi adicionado às misturas. A partir da análise da combustão, pode verificar-se que o atraso da ignição se prolongou e a duração total da combustão diminuiu para os combustíveis de mistura etanol-diesel quando comparados com o combustível para motores diesel; as caraterísticas de combustão do combustível de mistura etanol-diesel a grande carga podem ser retomadas para o combustível para motores diesel pelo melhorador de CN, mas existe ainda uma grande diferença a carga mais baixa.

Rosli Abu Bakar, Semin e Abdual Rahim Ismail (2008) investigaram os efeitos da pressão de injeção de combustível no desempenho do motor diesel DI. Foram realizadas experiências num motor diesel de quatro cilindros, dois tempos, com injeção direta. Os valores de desempenho do motor, como a pressão indicada, a potência do veio, a potência indicada, a potência de travagem, a pressão efectiva média de travagem e o consumo de combustível, foram investigados tanto a velocidades variáveis do motor com carga fixa como a velocidades fixas do motor para cargas variáveis, alterando a pressão de injeção de combustível de 180 para 220 bar. De acordo com os resultados, verificou-se que o melhor desempenho da injeção sob pressão foi obtido a 220 bar e que o consumo específico de combustível foi obtido a 200 bar para velocidades variáveis de carga fixa e a 180 bar para velocidades fixas de carga variável.

G. Amba Prasad Rao et al., (2011) as técnicas dispendiosas estão disponíveis para combater os problemas de poluição em veículos de conforto e considera-se essencial desenvolver uma tecnologia económica para pequenos veículos de passageiros com o mínimo de modificações. Além disso, os fabricantes de motores também estão a enfrentar sérios desafios para manter as suas indústrias vivas e fazer modificações nos produtos, de modo a cumprir as alterações periódicas das normas de emissão. Nesta investigação, foi concebido um componente simples operado mecanicamente, uma came de injeção de combustível de temporização variável, para um motor diesel de 510cc de tipo automóvel, naturalmente aspirado, arrefecido a água e de injeção direta. São efectuadas modificações na lata de injeção de combustível e no trem de engrenagens para se adaptarem à configuração existente do motor. São efectuados ensaios de velocidade variável para testar a eficácia do componente nos dinamómetros do motor e do chassis em termos de desempenho e emissões. Observa-se que o motor, que já é retardado, pode ser ainda mais retardado com a came de injeção de combustível de temporização variável. São obtidas reduções significativas nos níveis de emissão de NOx e de fumos. O efeito combinado da came de injeção de combustível de regulação variável com 7% de EGR (recirculação dos gases de escape) pode reduzir as emissões de CO em cerca de 88%, as emissões de HC + NOx em 37% e as emissões de PM em 90%. O motor incorporado com o componente projetado e a EGR cumpriu com êxito as normas de emissão existentes com potência e consumo específico de combustível melhorados.

2.4 EFEITO DO BIODIESEL DE RÍCINO NO DESGASTE DO MOTOR CI

P.R. Wander et al., (2010) Foi efectuada uma análise a longo prazo de 1000 h para avaliar a durabilidade de três motores diesel monocilíndricos alimentados com éster metílico de óleo de rícino (CME100), éster metílico de soja (SME100) e gasóleo (D100) de acordo com um ciclo de tempo e carga. Foram recolhidas amostras de óleo lubrificante a cada 50 h. Os componentes principais foram medidos e avaliados pelos respectivos OEM após o final do ensaio.

A análise do óleo lubrificante revelou uma grande diminuição da viscosidade devido à diluição com o SME100. A espetroscopia do óleo revelou uma baixa concentração de todos os elementos, o que indica que o desgaste do motor é normal. A baixa viscosidade do óleo SME100 deve ser avaliada durante um período alargado (menos mudanças de óleo) para verificar o comportamento do motor. O sistema de injeção apresentou um bom desempenho com caudais da bomba, pressão de abertura dos injectores e fluxo hidráulico dentro da especificação. A corrosão e o desgaste foram considerados normais, embora o êmbolo do SME100 apresentasse duas marcas de corrosão. Os injectores apresentavam uma pequena quantidade de depósitos e não havia entupimento dos bicos. A utilização de biodiesel não alterou o desempenho do sistema de injeção. A análise do pistão com líquidos penetrantes mostrou apenas uma pequena fissura para o SME100, dentro da especificação. Embora a utilização de biocombustíveis tenha aumentado os depósitos de carbono e a formação de goma, os anéis do pistão estavam soltos e as suas folgas dentro das especificações.

As camisas de cilindro não apresentavam corrosão, arranhões ou desgaste elevado e a análise dimensional mostrou bons resultados. A avaliação da película de fax (ângulo de brunimento) revelou que para o CME100 não havia marcas remanescentes da superfície original. As chumaceiras e casquilhos da biela apresentaram um desgaste regular com bom assentamento e todas as dimensões dentro da especificação. O desgaste da maioria dos componentes pode ser considerado normal e não existem preocupações relacionadas com a utilização de biodiesel. As válvulas de admissão e de escape apresentaram um desgaste abrasivo e de aderência normal, com alguma fadiga de contacto na biela da SME100 e assentamento irregular no assento da válvula da CME100. A fadiga de contacto pode estar relacionada com uma deficiência de lubrificação e podem ser realizados estudos sobre a influência da diluição do óleo com SME100. Os três motores funcionaram durante 1000 horas sem diferenças significativas entre eles em termos de desempenho e durabilidade. Assim, parece possível chegar à conclusão de que a utilização de ésteres metílicos de óleo de soja e de óleo de rícino é recomendada para estes motores, desde que o óleo lubrificante seja mudado com maior frequência, por exemplo, de 100 em 100 horas.

Fazal et al., (2010) investigaram o comportamento de corrosão de diferentes materiais para automóveis em biodiesel de palma. Observaram que o cobre e o alumínio estavam sujeitos a corrosão, enquanto o aço inoxidável não estava. As propriedades do combustível, como a densidade e a viscosidade, também foram muito alteradas devido ao contacto com o metal. Assim, o biodiesel após exposição a diferentes metais não só mostra a sua agressividade corrosiva como também sofre degradação nas propriedades do combustível.

2.5 EFEITO DA TEMPERATURA NO DESEMPENHO DO BIODIESEL NO MOTOR CI

M K Verma et al. investigaram os testes de desempenho do motor utilizando quatro misturas diferentes de óleo de éster metílico de karanja (biodiesel) em gasóleo com uma concentração de 20, 40, 60 e 100 por cento em volume a três temperaturas do combustível (30, 50 e 70^0 C) e duas pressões de injeção (180 e 245 kg/cm^2). O gasóleo puro a 300C e 180 kg/cm^2 foi utilizado como experiência de controlo. No presente estudo, o óleo de karanja foi transesterificado para reduzir a viscosidade, o efeito da temperatura do combustível e da pressão de injeção foi estudado com o éster metílico de karanja e a sua mistura com o gasóleo nos parâmetros de desempenho do motor. Os ensaios de desempenho do motor a curto prazo foram efectuados num motor Kirloskar de dois cilindros e 7,4 kW. Quando a pressão de injeção aumentou de 180 para 245 kg/cm2 , a taxa de aumento da potência de saída para todas as misturas foi maior a uma temperatura do combustível de 30^0 C do que a 70^0 C (3,16 a 2,4 por cento). De acordo com os resultados, o BSFC mínimo de 314,37 g/kWh foi obtido na mistura K20:D80 a 245 kg/cm^2 a 700C, o que foi 5,14% superior ao do gasóleo na experiência de controlo. O máximo de BSFC 366,73 g/kWh foi obtido na mistura B4 à pressão de injeção de 180 kg/cm^2 à temperatura do combustível de 30^0 C, que foi 22,6% mais do que o diesel. Os resultados mostram que a BThE (eficiência térmica do travão) seguiu tendências semelhantes às da potência. A diminuição da BThE com o aumento da concentração de KOME no gasóleo foi muito pequena. O aumento do BThE com o aumento da pressão de injeção foi inferior a 1% para todas as misturas a todas as temperaturas do combustível. O aumento do BThE com o aumento da pressão de injeção pode dever-se a uma melhor atomização. Verificou-se que a temperatura dos gases de escape aumentou com o aumento da pressão de injeção, bem como com o aumento da concentração de KME no gasóleo a todas as temperaturas do combustível. Foi registada uma temperatura máxima dos gases de escape de $176,92^0$ C para a mistura B4 a 245 kg/cm^2 e uma temperatura do combustível de 70^0 C. Isto pode ser devido ao aumento da temperatura do cilindro, que se deveu a uma melhor combustão em consequência de uma melhor atomização. Verificou-se também que o éster metílico de karanja puro pode ser utilizado como substituto do gasóleo com pouco sacrifício na eficiência térmica dos travões e na economia de combustível.

R. Mishra et al., (2010) esta investigação centrou-se em dois objectivos: o primeiro é identificar o efeito da temperatura na densidade e na viscosidade de uma variedade de biodieseis e também desenvolver uma correlação entre a densidade e a viscosidade dos biodieseis. O segundo objetivo é investigar e quantificar os efeitos da densidade e da viscosidade do biodiesel e das suas misturas em vários componentes do sistema de alimentação de combustível do motor, como a bomba de combustível, os filtros de combustível e o injetor de combustível. Para atingir o primeiro objetivo, a densidade e a viscosidade do biodiesel de óleo de colza, do biodiesel de óleo de milho e das misturas de biodiesel de resíduos (0B, 5B, 10B, 20B, 50B, 75B e 100B) foram testadas a diferentes temperaturas, utilizando as normas EN ISO 3675:1998 e EN ISO 3104:1996, num motor diesel turboalimentado, de 74,2 kW a 2200 rpm, arrefecido a água e Di, com uma compressão de 18,3:1 e uma velocidade recomendada de 850. As conclusões mostram que a gravidade específica e a viscosidade da mistura de biodiesel aumentam com o aumento da fração de biodiesel. Verifica-se também que a densidade e a viscosidade de cada mistura diminuem com o aumento da temperatura. Foram desenvolvidas equações empíricas para prever a densidade e a viscosidade do biodiesel e das suas misturas em função da temperatura. As equações empíricas e os dados medidos estão em estreita correspondência com R2 de 0,993 para o modelo de densidade e 0,999 para o modelo cinemático.

2.6 COMPARAÇÕES ENTRE O BIODIESEL DE RÍCINO E OUTROS BIODIESEIS

B. B. Ghosh et al., (2008) baseou-se na comparação de três óleos não comestíveis de putranjiva, karanja e pinhão-manso relativamente às suas emissões e desempenho. Este estudo é importante para os aspectos futuros: diferentes países consideraram seriamente a utilização maciça de bioenergia no futuro. A China, a Alemanha, a Áustria e a Suécia estabeleceram objectivos de utilização de 10-15% do seu abastecimento interno de energia primária através da bioenergia até ao ano 2020, enquanto o Vietname estabeleceu um objetivo de utilização da bioenergia, ou seja, 37,8% do consumo total de energia. A comparação das propriedades do combustível, do desempenho e das caraterísticas de emissão de três biodieseis foi efectuada no motor de compressão variável Ricardo e avaliada para determinar o melhor para aplicação em motores diesel. As propriedades do combustível também foram determinadas e comparadas. As especificações do motor são: monocilíndrico, quatro tempos, com uma taxa de compressão de 4,5:1 a 20:1 e uma gama de temporização. Nesta investigação, observou-se que, com o aumento das cargas, as emissões de NOx aumentam. O NOx do biodiesel aumenta ligeiramente com a carga, enquanto o gasóleo apresenta um aumento constante ao longo da carga. O biodiesel tem um poder calorífico inferior ao do gasóleo puro e, por conseguinte, a taxa de aumento dos NOx é menor com a carga do que a do gasóleo. Com o aumento da percentagem de biodiesel nas misturas, as emissões de NOx diminuem, o que se deve à diminuição do poder calorífico das misturas e, por conseguinte, à redução da temperatura dos gases de escape. As misturas de pinhão-manso apresentam as emissões de NOx mais baixas do que as outras. As emissões de hidrocarbonetos do biodiesel são inferiores às do gasóleo, o que se deve a uma melhor combustão do biodiesel. Uma mistura mais elevada permite uma menor emissão de HC. O fumo, o CO e as partículas dos três biodiesel são inferiores aos do gasóleo, o que indica um bom impacto no ambiente e nos seres vivos. A temperatura dos gases de escape do biodiesel a 100% e das suas misturas é sempre inferior à do gasóleo. A temperatura dos gases de escape das misturas diminui com o aumento da quantidade de biodiesel. Isto deve-se ao facto de o valor calorífico do biodiesel ser inferior ao do gasóleo. Para este trabalho de investigação, concluímos que o motor diesel pode funcionar de forma muito satisfatória utilizando 100% de biodiesel a 450 BTDC e a uma taxa de compressão de 20.

Ashok Yadav et al., (2010) atualmente no mundo, o biodiesel é um dos melhores substitutos do gasóleo fóssil. Há uma série de plantas/árvores disponíveis na Índia que nos ajudam a preencher totalmente as nossas necessidades energéticas. A extração do óleo destas plantas e a sua conversão em biocombustível com a ajuda do processo de transesterificação envolve o consumo de energia em várias fases, desde a plantação até à utilização final no motor de ignição por compressão. Este trabalho apresenta uma avaliação sistemática da energia consumida pelas árvores Karanja e Neem em várias fases do ciclo de crescimento e da conversão do seu óleo de semente em combustíveis biodiesel. De acordo com os resultados obtidos pelos autores, o rácio de energia líquida (output/input) para o biodiesel de karanja varia entre 1,6425-1,8846 e para o biodiesel de Neem varia entre 1,6479-1,8837. O rácio energético do ciclo de vida dos biodieseis mostra que todos os dois combustíveis são renováveis devido à maior produção de energia. Estes rácios de energia podem ser melhorados com a utilização da tecnologia mais recente na agricultura.

2.9 RESUMO DO ESTUDO BIBLIOGRÁFICO

Pode concluir-se que a maior parte da investigação foi efectuada para a substituição de 20% de biodiesel de rícino. Mas os estudos destacaram pouco sobre o desempenho, a combustão e o comportamento das emissões tanto do biodiesel de rícino puro como da percentagem mais elevada de substituição do biodiesel de rícino (mais de 20%). Além disso, o parâmetro como a pressão de injeção e o início da injeção de combustível, que tem um efeito significativo no comportamento de combustão do motor diesel.

• Foram investigados vários combustíveis alternativos para o motor diesel de ignição por compressão para obter melhores desempenhos e caraterísticas de emissão e um consumo de combustível económico.

• O motor apresenta um fraco desempenho a uma pressão de injeção inferior.

• Os parâmetros óptimos para uma conversão elevada de óleo de rícino em biodiesel de rícino são: pressão 1 atm, temperatura 50-600C rácio de reagente 6:1 (Moles de CH3OH, Moles de óleo), tempo de reação 1,5-2 horas; catalisador (KOH) 1 por cento w/w.

• O consumo específico de combustível ao travão para o CB100 é superior ao do gasóleo e diminui nos combustíveis misturados devido ao baixo poder calorífico do biodiesel de rícino, mas esta tendência enfraquece à medida que a proporção de biodiesel diminui na mistura. No combustível CB20, o BSFC é inferior ao do gasóleo e de todos os outros combustíveis.

• O consumo específico de combustível na travagem e o BSEC aumentaram com o aumento da concentração de CME no gasóleo e diminuíram com o aumento da pressão de injeção e da temperatura do combustível.

• O biodiesel de rícino tem emissões mais baixas de UBHC, CO, CO2 e até 10% de emissões de NOX em comparação com o gasóleo.

• Tem um valor calorífico de quase 80-90% em comparação com o do gasóleo. Contém poucos aromáticos e tem um índice de cetano superior, pelo que tem menos tendência para bater.

• Tem um baixo teor de enxofre e, por conseguinte, é amigo do ambiente.
• Muitos investigadores utilizaram o biodiesel de rícino como combustível em motores de combustão interna, mas verificaram uma diminuição da potência e um aumento do consumo de combustível devido a uma atomização incorrecta que resulta numa combustão incorrecta devido a uma maior viscosidade e a um menor poder calorífico do combustível.

• Com normas de emissão cada vez mais exigentes, está a ser desenvolvido um trabalho considerável a nível mundial para o avanço da tecnologia de motores a biodiesel de rícino em motores de ignição por compressão.

CAPÍTULO 3

CONFIGURAÇÃO EXPERIMENTAL

O principal objetivo do presente trabalho foi determinar a viabilidade da utilização de biodiesel produzido a partir de sementes de rícino em diferentes proporções (por volume) com gasóleo fóssil, encontrando as propriedades e as suas caraterísticas de desempenho e de emissões num motor diesel. O objetivo deste estudo é também descobrir as proporções óptimas (por volume) da mistura de biodiesel com base nas caraterísticas de desempenho. Seguem-se as fases de experimentação.

1. Preparar a mistura de biodiesel de rícino e gasóleo fóssil em diferentes proporções (por volume).

2. Determinar as diferentes propriedades das misturas, como a densidade, a viscosidade, o ponto de inflamação, o ponto de inflamação, o ponto de turvação e o ponto de fluidez.

3. Determinar os parâmetros de desempenho, como a eficiência térmica do travão, a eficiência térmica indicada, a pressão efectiva média do travão, a pressão efectiva média indicada, o consumo específico de combustível do travão, o consumo específico de energia do travão, a relação combustível-ar e o trabalho útil equivalente ao calor para diferentes misturas de combustível em diferentes condições de carga e também calcular os parâmetros de combustão, como a pressão do cilindro.

4. Analisar os dados experimentais do motor de ignição por compressão alimentado por misturas de biodiesel e gasóleo e a sua avaliação comparativa do desempenho e das caraterísticas das emissões.

Para atingir os objectivos acima referidos utilizando o biodiesel de rícino e o gasóleo, começa-se por preparar as diferentes misturas (ou seja, CME10, CME20, CME30, CME50 e CME100) em volume. Em seguida, calcular as diferentes propriedades destas misturas através dos métodos ASTM. Estas propriedades foram calculadas no laboratório de química da IOCL. Os ensaios de desempenho das diferentes misturas foram efectuados num motor diesel de ignição por compressão não modificado, a 1500 rpm, no laboratório de motores térmicos do departamento de mecânica do NIT Jalandhar.

Os dados relativos ao desempenho do motor foram registados em termos de parâmetros de combustão e de parâmetros de desempenho. Os parâmetros de combustão, como a pressão no cilindro, e os parâmetros de desempenho, como a eficiência térmica do travão, a eficiência térmica indicada, a BMEP, a IMEP, a BSFC, a BSEC, a relação combustível-ar, a temperatura dos gases de escape e o calor equivalente ao trabalho útil, etc., foram calculados com a ajuda dos dados registados. Com base nestes parâmetros, foram traçadas e comparadas várias curvas, assumindo a linha de base da curva do gasóleo com as curvas das diferentes misturas.

3.1 PROPRIEDADES E MEDIÇÕES

Foram determinadas as diferentes propriedades físicas, como a densidade, a viscosidade, o ponto de inflamação, o ponto de inflamação, o ponto de fluidez e o ponto de turvação do biodiesel de rícino e das suas misturas com gasóleo.

3.1.1 Propriedades das misturas de gasóleo e biodiesel de rícino.

As diferentes propriedades da mistura de biodiesel de rícino e gasóleo, em volume, são apresentadas na tabela.

Tabela 3.1 Propriedades do combustível das misturas de gasóleo e biodiesel de rícino

Parameters	Diesel	Castor B10	Castor B20	Castor B30	Castor B50	Castor B100
Density at 20^0C kg/m^3	826	830	841	851	871	922
Kinematic Viscosity mm^2/s	2.73	3.03	3.467	4.042	6.040	15.64
Lower calorific value MJ/kg	42.00	41.47	40.95	40.44	39.46	37.2
Flash point ^{0}C	63	84	90	94	112	170
Fire point ^{0}C	78	97	110	118	126	198
Cloud point ^{0}C	-1	-5	-7	-11	-18	-23
Pour point ^{0}C	-6	-24	-29	-34	-38	-45
Cetane index	55	53.33	51.1	49.4	48.2	47.3

3.2 EFEITO DAS PROPRIEDADES E SEUS LIMITES

1) Densidade: Os biodieseis têm uma densidade mais elevada, que varia entre 860 kg/m^3 e 960 kg/m^3 (a 20^0 C) e o gasóleo varia entre 800 kg/m^3 e 860 kg/m^3 (a 20^0 C). Os valores mais elevados devem-se à maior massa molecular das moléculas de ésteres alquílicos de cadeia mais longa.

2) Viscosidade: O limite mínimo de viscosidade é normalmente determinado pela consideração da lubrificação e das fugas do injetor. Por outro lado, uma viscosidade elevada pode causar uma atomização deficiente da pulverização do injetor, o que conduzirá a uma coqueificação excessiva e à diluição do óleo. Para o gasóleo, os limites de viscosidade são de 2,0 a 4,5 cSt a 40^0 C. O limite mínimo de viscosidade ASTM para o gasóleo é de 1,9 mm2/s (a 40^0 C). O limite máximo ASTM é de 6 mm^2 /s a 40^0 C.

3) **Ponto de inflamação:** O ponto de inflamação de um material volátil é a temperatura mais baixa a que este pode vaporizar-se e formar uma mistura inflamável no ar. O ponto de inflamação não deve ser confundido com a temperatura de auto-ignição, que não necessita de uma fonte de ignição, nem com o ponto de inflamação, que é a temperatura a que o vapor continua a arder depois de ser inflamado. O ponto de inflamação é frequentemente utilizado como uma caraterística descritiva do combustível líquido e é também utilizado para ajudar a caraterizar os riscos de incêndio dos líquidos. O "ponto de inflamação" refere-se tanto a líquidos inflamáveis como a líquidos combustíveis. O limite para o gasóleo varia entre 52^0 C e 96^0 C e para o biodiesel $> 130^0$ C.

4) **Ponto de inflamação:** O ponto de inflamação de um combustível é a temperatura a que este continua a arder durante pelo menos 5 segundos após uma chama aberta. No ponto de inflamação, a uma temperatura mais baixa, uma substância inflama-se brevemente, mas o vapor pode não ser produzido a um ritmo que permita manter o fogo. Em geral, pode assumir-se que o ponto de inflamação é 10^0 C superior ao ponto de inflamação.

5) **Propriedades de fluxo a frio:** Para o gasóleo mineral, cada componente tem a sua própria temperatura de cristalização, pelo que a solidificação é um processo gradual, enquanto o biodiesel B100 tende a ser uma mistura muito mais simples, contendo relativamente poucos componentes, pelo que um ou dois componentes tendem a dominar. Assim, a solidificação é muito mais rápida, dependendo significativamente da mistura de éster e do óleo de base utilizado para produzir o biodiesel. O limite do ponto de obstrução do filtro a frio (CFPP) é indiscutivelmente o indicador mais adequado, uma vez que mostra quando um filtro começaria a obstruir-se ou a bloquear-se. O CFPP do biodiesel ou das misturas de biodiesel com gasóleo deve estar alinhado com o do gasóleo convencional numa determinada região de distribuição, de acordo com os períodos de inverno ou de verão. Isto baseia-se na análise da temperatura ambiente nessas regiões. Este objetivo pode ser alcançado através de misturas e/ou da utilização de aditivos para melhorar o fluxo a frio.

6) **Poder calorífico:** O poder calorífico é definido em termos do número de unidades de calor libertadas quando uma massa unitária de combustível é completamente queimada num calorímetro em condições especificadas. O poder calorífico superior do combustível é o calor total libertado em KJ por kg ou m$^3\cdot$ Todos os combustíveis que contêm principalmente hidrogénio, carbono, enxofre e outros elementos oxidáveis na forma disponível combinam-se com o oxigénio e formam vapor durante o processo de combustão. Assim, o poder calorífico inferior é abstraído. Este poder calorífico é designado por poder calorífico inferior. Se os produtos da combustão forem arrefecidos até à sua temperatura inicial, o vapor formado condensa-se. Desta forma, é extraído o máximo de calor. Este

poder calorífico é designado por poder calorífico superior.

O valor calorífico do combustível foi determinado com o calorímetro isotérmico de bomba de acordo com a especificação dada na ASTM D240. A amostra de combustível foi queimada no calorímetro de bomba e o valor calorífico de todas as amostras foi calculado.

3.3 MEDIÇÃO DE VÁRIOS PARÂMETROS

Nesta secção, discutiremos a medição do fluxo de combustível, a medição da potência e o sistema do motor.

3.3.1 Medição do caudal de combustível

Este é um parâmetro muito importante quando se pretende calcular o desempenho do motor. Utiliza-se uma bureta de vidro de volume conhecido com uma marcação adequada e um cronómetro para medir o caudal de combustível. O consumo de combustível foi medido com a ajuda de um transmissor de caudal de combustível. O consumo de combustível de um motor é medido determinando o tempo necessário para o consumo de um determinado volume de combustível. A massa de combustível consumida pode ser determinada multiplicando o consumo volumétrico de combustível pela sua densidade. Na presente instalação, o consumo volumétrico de combustível foi medido utilizando uma bureta de vidro. O tempo que o motor demorou a consumir um volume fixo foi medido com um cronómetro. O volume dividido pelo tempo necessário para o consumo de combustível dá o caudal volumétrico. Este ensaio só foi efectuado após o ensaio preliminar. Depois de terem sido alcançadas experimentalmente condições de funcionamento estáveis, o motor foi sujeito a condições de carga semelhantes. Partindo de 20%, foram registadas observações a 40%, 60%, 80% e 100% da carga nominal. O consumo específico de combustível na travagem foi calculado utilizando a relação abaixo indicada:

$$\textbf{BSFC = (Vcc x densidade do combustível x 3600)/(cv x t)}$$

Onde,

Bsfc = consumo específico de combustível no travão, g/kw-h

Vcc = volume de combustível consumido, cc

hp = potência de travagem, kw

t = tempo necessário para consumir, cc de combustível, seg

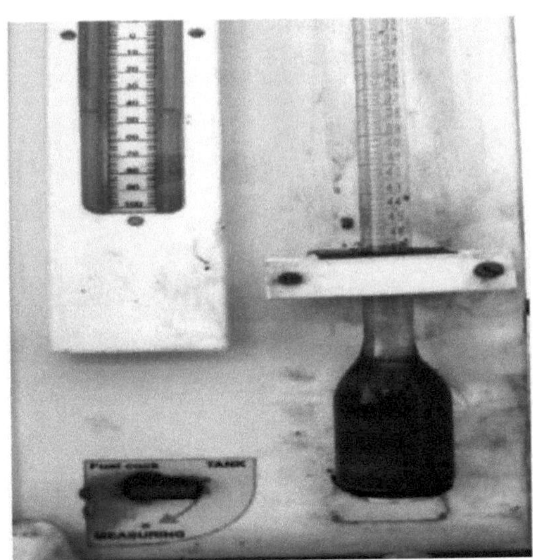

Figura.3.1 Unidade de medição de combustível.

3.3.2 Medição da potência de travagem

Envolve a medição do binário e da velocidade angular no veio de saída do motor. O binário é medido com a ajuda de um dinamómetro. Nesta configuração do motor, o dinamómetro de correntes de Foucault é utilizado para medir o binário do motor. Um sistema de arrefecimento do tipo circuito fechado ajuda a dissipar o calor do dinamómetro. As diferentes condições de carga foram obtidas com a ajuda do dinamómetro e da unidade de carga do dinamómetro, como se mostra na configuração da experiência.

3.3.3 Medição do consumo de ar

A medição exacta do consumo de ar e de combustível é essencial nos motores de ignição por compressão para avaliar o desempenho, as emissões e as caraterísticas de combustão. A medição do consumo de ar é bastante difícil porque o caudal é pulsante devido à natureza recíproca do motor e ao facto de o ar ser um fluido compressível. Por conseguinte, um método simples de utilização de um orifício no tubo de indução não permite uma observação fiável.

Figura 3.2 unidade de medição do caudal de ar

Na presente instalação experimental, foi montada no motor uma caixa de ar, como indicado na figura, com um orifício de arestas vivas num dos lados da caixa, afastado do motor. Um manómetro inclinado foi também ligado à caixa de ar para determinar a diferença de pressão. O caudal mássico do ar foi determinado pelo cálculo a seguir apresentado.

$$\text{Air flow rate, kg/h} = C_d \times A \times (2 \times g \times h_w \times (\rho_w / \rho_a) \times \rho_a \times 3600)^{0.5}$$

Onde,

C_d = coeficiente de descarga

A = área do orifício, m^2

h_w = diferença de pressão no manómetro, m

ρ_w = densidade da água, kg/m^3

ρ_a = densidade do ar , kg/m^3

3.3.4 Taxa de libertação de calor

A análise da libertação de calor calcula a quantidade de calor que teria de ser adicionada ao conteúdo do cilindro para produzir as variações de pressão observadas e, utilizando os dados da pressão do cilindro, também é utilizada para obter informações sobre a combustão. Esta análise afecta fortemente a economia de combustível, a potência e as emissões do motor.

A taxa de libertação de calor pode ser calculada pela regra da termodinâmica.

$$\frac{dQ_t}{d\theta} = \frac{\gamma}{\gamma-1} p \frac{dV}{d\theta} + \frac{1}{\gamma-1} V \frac{dP}{d\theta} + \frac{dQ_{ht}}{d\theta}$$

Onde,

dQ_{ht} = transferência de calor, J/ CA

P = Pressão instantânea do gás na garrafa

V = Volume instantâneo do gás da garrafa

3.4 SISTEMA DO MOTOR.

A configuração do motor consiste num motor diesel monocilíndrico, de injeção direta a quatro tempos, acoplado a um dinamómetro de correntes de Foucault para obter diferentes condições de carga. A instalação do motor inclui todos os instrumentos e sensores necessários, como o sensor de temperatura, o sensor de pressão, o sensor de velocidade, etc., para medir a pressão do cilindro, a pressão de injeção, a temperatura, a potência de saída, a carga, o combustível e o fluxo de ar. A configuração tem um painel eletrónico que consiste no depósito de combustível, indicador de carga, indicador de velocidade, unidade de medição do combustível, caixa de ar, unidade de carga do dinamómetro, rotâmetro do motor e rotâmetro do calorímetro. O rotâmetro do motor e o rotâmetro do calorímetro dão-nos o caudal de água para o motor e o calorímetro. O computador foi ligado ao nosso motor e ao painel eletrónico com a ajuda do "software Engine soft". A configuração tem capacidade para encontrar parâmetros para avaliar a combustão e os parâmetros de desempenho.

3.5 PROCEDIMENTO DE EXPERIMENTAÇÃO

3.5.1 Procedimento experimental

Os ensaios foram realizados num motor diesel monocilíndrico, a quatro tempos e com injeção direta, como mostra a figura 3.4. As principais especificações do motor de ensaio são apresentadas no quadro 3.4. A fim de obter diferentes condições de carga, o veio de saída de potência do motor é acoplado ao dinamómetro de correntes de Foucault. Em primeiro lugar, é assegurada a circulação da água de arrefecimento para o dinamómetro de correntes de Foucault, o motor e o calorímetro. O painel eletrónico com a unidade de carga do dinamómetro é apresentado na figura 3.4. O esquema da instalação da experiência é apresentado na figura 3.5. Os componentes importantes do sistema são.

- O motor

- Dinamómetro

- Contador de fumo

- Analisador de gases de escape

1. O motor.

O motor escolhido para realizar a experimentação é um motor monocilíndrico, a quatro tempos, vertical, refrigerado a água, com injeção direta computorizada da marca Kirloskar. Este motor pode suportar pressões mais elevadas e é também muito utilizado nos sectores agrícola e industrial. As especificações do motor e a fotografia atual do motor C.I. são apresentadas na Fig.3.3.

2. Dinamómetro.

O motor dispõe de um dinamómetro elétrico de corrente contínua para medir o seu rendimento. O dinamómetro é reversível, ou seja, funciona tanto como dispositivo de controlo como de absorção. A carga é controlada através da alteração da corrente de campo. O dinamómetro de correntes de Foucault baseia-se nas correntes de Foucault (lei da mão direita de Fleming). A construção do dinamómetro de correntes de Foucault tem um disco entalhado (rotor) que é acionado por um motor principal (como um motor, etc.) e os pólos magnéticos (estatores) estão localizados no exterior com um intervalo. A bobina que excita o pólo magnético é enrolada na direção circunferencial. Quando a corrente passa pela bobina de excitação, forma-se um circuito de fluxo magnético à volta da bobina de excitação através dos estatores e de um rotor. A rotação do rotor produz uma diferença de densidade e as correntes de Foucault passam para o estator. A força electromagnética é aplicada no sentido oposto ao da rotação pelo produto desta corrente de Foucault.

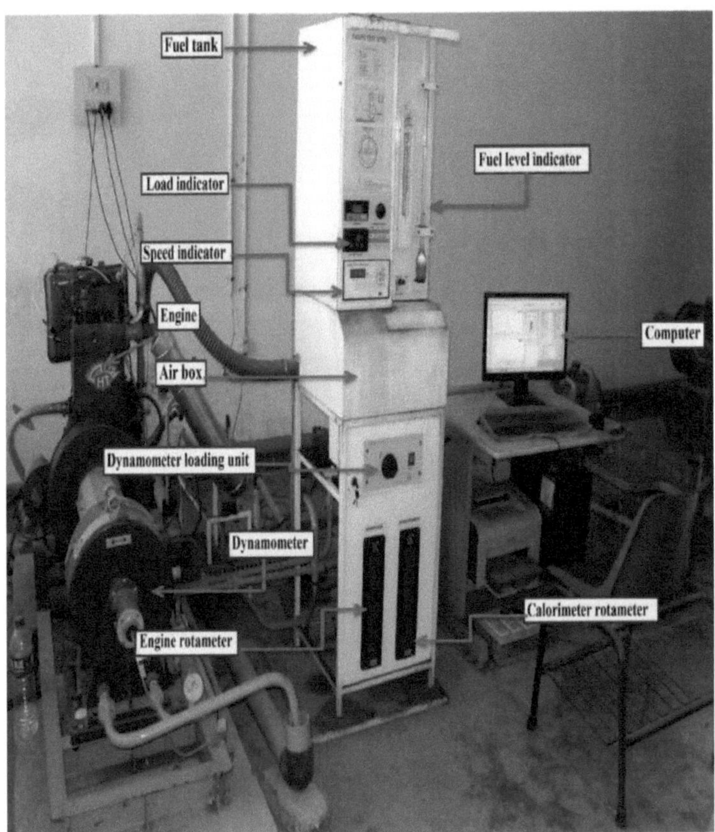

Figura 3.3 Instalação experimental

T1	Temperatura da entrada de água do motor
T2	Temperatura de saída da água do motor
T3	Temperatura de entrada da água no calorímetro
T4	Temperatura de saída da água do calorímetro
T5	Temperatura dos gases de escape antes do calorímetro
T6	Temperatura dos gases de escape após o calorímetro
F1	Consumo de combustível
F2	Consumo de ar
F3	Caudal de água do motor
F4	Caudal de água do calorímetro
PT	Sensor de pressão do cilindro e de pressão de injeção
W	Sensor de carga
N	Sensor de velocidade

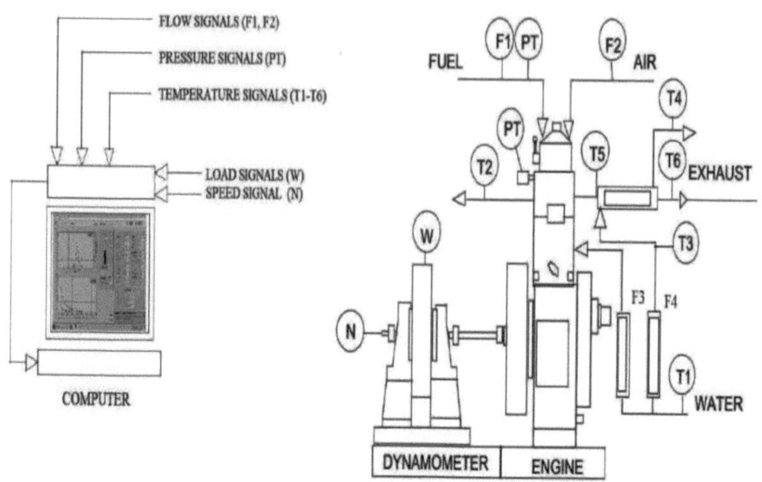

Figura. 3.4 Esquema da montagem experimental

Quadro 3.2 Especificação do motor

Fabricante	Kirloskar
Modelo	TV1
Detalhes	Monocilíndrico, DI, Quatro tempos
Furo e curso	87,5 mm x 110 mm
Taxa de compressão	17.5:1
Capacidade cúbica	661
Potência nominal	5,2 kW a 1500 rpm
Diâmetro do orifício	20 mm
Arrefecimento	Água
Válvula de entrada aberta	4.5 ° antes do TDC
A válvula de entrada fecha-se	35,5° após o PMS
A válvula de escape abre-se	35,5° antes da CDB
Fecho da válvula de escape	4,5° após o TDC
Arranque da injeção de combustível	23° antes do TDC
Dinamómetro de correntes parasitas	Modelo AG10, da empresa Saj test plant pvt. Ltd.
Diâmetro do travão de tambor	185 mm
Sensor piezoelétrico	Marca PCB piezotronics. Modelo HSM111A22. Gama 5000 psi, tipo de diafragma em aço inoxidável e hermeticamente selado
Sensor de temperatura	Marca Radix Tipo K, não ligado à terra, diâmetro da bainha. 6 mm x 110 mm. SS316, Ligação ¼" BSP (M) encaixe de compressão ajustável
Sensor de carga	Marca Sensotronics Sammar ltd., Modelo 60001. Feixe tipo S, Universal,

Capacidade 0-50 kg

Sensor do ângulo da manivela	Marca Kubler - Alemanha Modelo 8.3700.1321.0360 Diâm. 37 mm tamanho do eixo, Tamanho 6 mm x comprimento 12,5 mm, Tensão de alimentação 5-30 V DC, Saída Push Pull (AA, BB, OO) PPR:360, Tipo de cabo de saída axial com flange 37 mm a 55 mm

3. Contador de fumo.

A medição baseia-se no princípio da absorção da luz pelas partículas. A deteção foto-eletrónica de fumo baseia-se no princípio da deteção ótica. É também conhecido como o princípio da luz "dispersa". Ocorre uma condição de alarme quando as partículas de fumo entram no caminho da luz e uma parte da luz é "espalhada" por reflexão e refração para um sensor. Este tipo de detetor é mais adequado para áreas onde pode ocorrer fumo denso, como em condutas. O equipamento permite efetuar testes em modo contínuo, níveis médios e de pico. Os valores operacionais medidos são Opacidade do fumo (%). O medidor de fumos AVL 437 é constituído por dois tubos idênticos, um tipo de fumo e um tubo de ar limpo. Durante as medições da densidade do fumo, uma fonte de luz (lâmpada de halogéneo) numa extremidade do tubo de fumo projecta um feixe de luz através do fumo, que na outra extremidade incide numa célula fotoeléctrica.

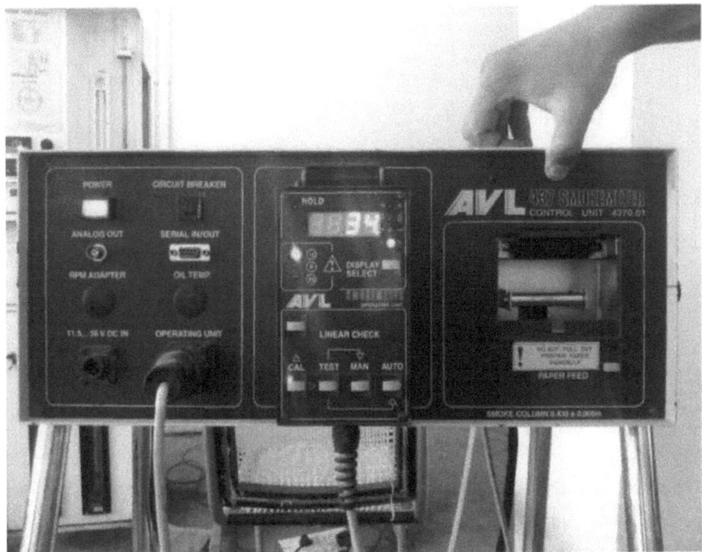

Figura 3.5 Contador de fumo

4. Analisador de gases de escape:

Todas as emissões, como o monóxido de carbono, o dióxido de carbono, os hidrocarbonetos não queimados, o óxido de azoto e o oxigénio não utilizado, são encontradas no analisador de emissões de gases. Neste cabo, uma extremidade é ligada à entrada do analisador e a outra extremidade é ligada à saída dos gases de escape. A Fig. 3.6 mostra as fotografias reais do analisador de gases de escape ligado ao motor na saída. O método de medição baseia-se no princípio da absorção de luz na região infravermelha, conhecida como "absorção infravermelha não dispersiva". A radiação infravermelha de banda larga produzida pela fonte de luz passa através de uma câmara cheia de gás, geralmente metano ou dióxido de carbono. Este gás absorve a radiação de um comprimento de onda conhecido e esta absorção é uma medida da concentração do gás. Existe um filtro ótico de largura de banda estreita na extremidade da câmara para remover todos os outros comprimentos de onda antes de ser medido com um detetor piroelétrico. Para a medição de UBHC, CO, CO_2 , e NOx, foi utilizado o analisador de gases AVL, 4000 Di-Gas.

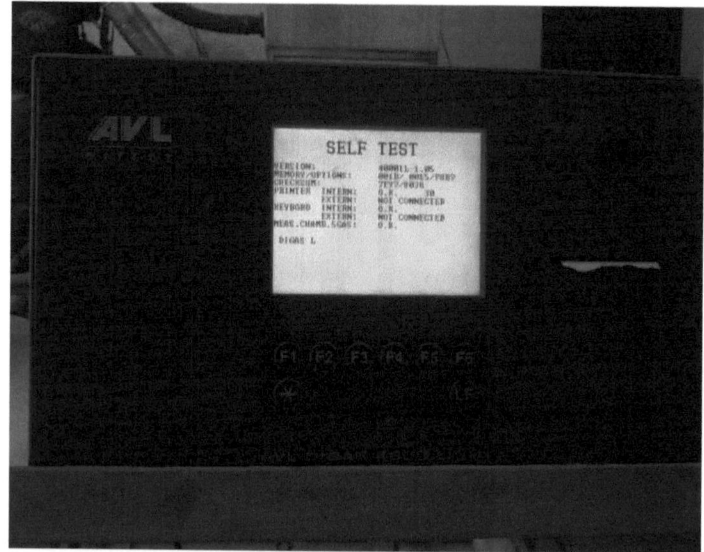

Figura.3.6 Analisador de cinco gases

A velocidade do motor é fixada em 1500 rpm. O motor foi rodado no computador e foram introduzidos os valores da densidade e do poder calorífico de acordo com as várias misturas. Em primeiro lugar, o motor funcionou em vazio e, em seguida, a carga foi variada consoante as condições. O consumo de combustível foi calculado com a ajuda do motor macio e da torneira de combustível. A pressão do cilindro e a injeção medida em função do ângulo de manivela foram medidas com a ajuda de um sensor piezoelétrico e de um sensor de ângulo de manivela, tendo sido também medidas diferentes temperaturas com a ajuda de um sensor de temperatura, como se mostra no quadro 3.4.

Foram preparadas diferentes misturas de biodiesel e gasóleo de rícino por volume e utilizadas nas experiências juntamente com gasóleo. As misturas de biodiesel e gasóleo de rícino mostraram homogeneidade durante muito tempo. Todos os ensaios foram efectuados em condições de estado estacionário, pelo que o motor funcionou durante um mínimo de 10-20 minutos para que o combustível do ensaio anterior fosse consumido. Os resultados relacionados com a combustão do motor, o desempenho e as caraterísticas de emissão foram obtidos com as misturas determinadas e comparadas com o gasóleo.

As experiências foram efectuadas em cinco condições de carga diferentes (20%, 40%, 60% e 80%, 100%,) a 1500 rpm da configuração de ensaio do motor diesel.

3.6 MODO DE EXPERIMENTAÇÃO

Parâmetro independente

SI.NO	TIPO DE COMBUSTÍVEL	CARGA (%)	TEMPO DE INJECÇÃO (^{0} BTDC)
1	D100	20	23
2	CME10/D90	40	
3	CME20/D80	60	
4	CME30/D70	80	
5	CME50/D50	100	
6	CME100		

Parâmetro dependente

SI.NO.		
1	POTÊNCIA DE TRAVAGEM	
2	BSFC	
3	BTH%	
4	TEMPERATURA DOS GASES DE ESCAPE	
5	EMISSÃO DE FUMO	
6	EMISSÃO DE NOx	INTERPRETAÇÃO GRÁFICA E ANALÍTICA
7	EMISSÃO DE UBHC	
8	EMISSÃO DE CO	
9	CO_2 EMISSÃO	
10	DIAGRAMA DO ÂNGULO DA MANIVELA DE PRESSÃO	

CAPÍTULO 4

RESULTADOS E DISCUSSÃO

4.1 CARACTERÍSTICAS DE DESEMPENHO

4.1.1 Eficiência térmica do travão

A uma potência mais baixa, o combustível induzido não queima completamente devido à baixa qualidade do combustível e, por conseguinte, a uma temperatura mais baixa do cilindro e a uma mistura pobre de combustível e ar. Isto resulta num BTE mais baixo. medida que a carga aumenta, a taxa de aumento do B.P. é muito maior em comparação com a taxa de aumento do consumo de combustível e, por conseguinte, o BTE aumenta a uma carga mais elevada [4]. A Figura 4.1.1 (a) mostra a comparação da eficiência térmica do travão com a pressão efectiva média do travão para diferentes combustíveis. A eficiência térmica de travagem máxima obtida é de cerca de 38,5% para o CME20 e de 36,37% para o gasóleo. Através do LCV do B20 é menor, mas devido a uma melhor combustão, observa-se um aumento do BTE a média e alta carga. Pode ser devido ao menor poder calorífico das misturas de combustível, devido ao pouco aglomerado de oxigénio, que se observa um aumento do BTE a cargas médias e altas do que o gasóleo. O aumento da eficiência térmica deve-se à elevada percentagem de presença de oxigénio no biodiesel, o oxigénio extra leva a uma melhor combustão dentro da câmara de combustão. A Figura 4.1.1 (b) mostra as variações da eficiência térmica do travão com diferentes misturas de combustível em todas as condições de carga, respetivamente.

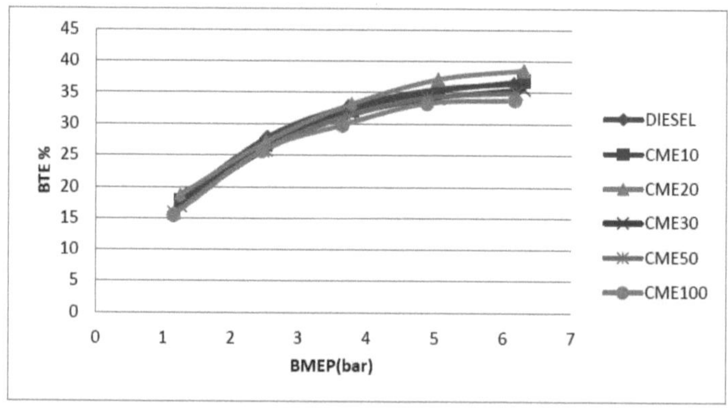

Figura.4.1.1 (a) Eficiência térmica do travão Vs pressão efectiva média do travão para diferentes misturas de combustível diesel-biodiesel

A eficiência térmica do motor é melhorada aumentando a concentração de biodiesel nas misturas e também a lubrificação adicional fornecida pelo biodiesel. Mas para misturas mais elevadas de biodiesel, o BTE diminui (pode dever-se à diminuição do valor calorífico e ao aumento da

50

viscosidade).

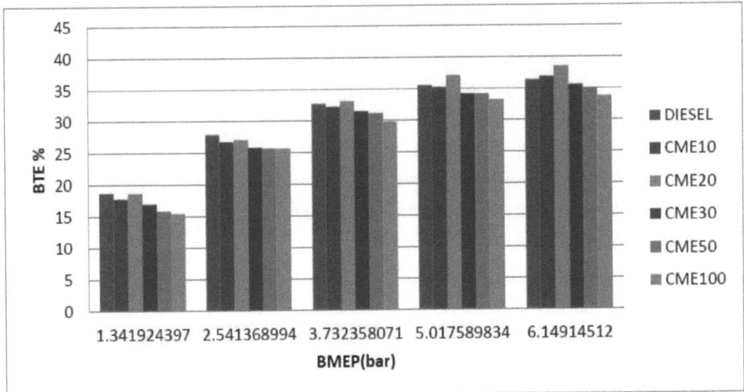

Figura.4.1.1 (b) Eficiência térmica do travão Vs pressão efectiva média do travão

4.1.2. Consumo específico de combustível no freio

A tendência geral de diminuição do BSFC com a carga é observada para misturas semelhantes ao gasóleo. A diminuição do BSFC pode ser explicada pelo facto de, à medida que a carga do motor aumenta, a taxa de aumento da potência de travagem ser muito superior ao aumento do consumo de combustível devido a um aumento da temperatura de combustão (indicada pela pressão do cilindro) com a carga. A conversão da energia térmica em trabalho mecânico aumenta com o aumento da temperatura de combustão, o que leva à diminuição do BSFC em função da carga.

A variação do consumo específico de combustível no travão em relação à pressão efectiva média no travão para diferentes misturas de biodiesel. Fig. 4.1.2 (a), isto deve-se ao maior aumento percentual da potência de travagem com a carga, em comparação com o aumento do consumo de combustível. Mas, em condições de vazio, a potência de travagem desenvolvida é menor e, por conseguinte, o BSFC é maior nessa carga para todas as misturas. Utilizando uma percentagem mais baixa de biodiesel nas misturas biodiesel-diesel, ou seja, CME10, o consumo específico de combustível na travagem do motor é inferior ao do gasóleo para todas as cargas. No caso do CME20, verificou-se que o consumo específico de combustível na travagem era quase semelhante ao do gasóleo, mas para o CME30, CME50 e CME100, aumenta devido ao menor valor calorífico. Com o aumento da percentagem de biodiesel nas misturas, o poder calorífico do combustível diminui. Por conseguinte, o consumo específico de combustível da percentagem mais elevada de biodiesel nas misturas aumenta em comparação com o do gasóleo. O BSFC não é um parâmetro muito fiável para comparar o consumo de combustível do biodiesel com o do gasóleo. O BSFC é uma variável ideal, pelo que é independente do combustível. Estes resultados estão de acordo com os encontrados por outros autores [5]. A Figura 4.1.2 (b) mostra as alterações no BSFC com diferentes misturas de combustível em todas as condições de carga, respetivamente.

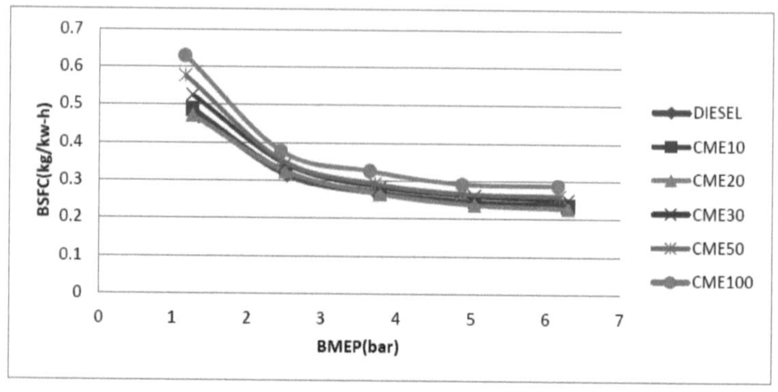

Figura 4.1.2. (a) Consumo específico de combustível no freio Vs pressão efectiva média no freio para diferentes misturas de combustível diesel-biodiesel.

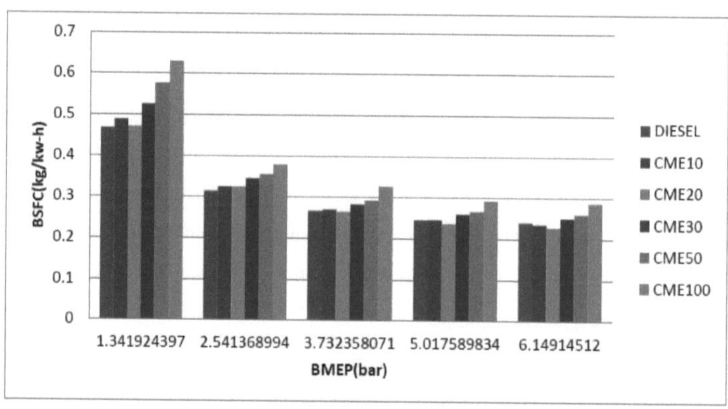

Figura.4.1.2 (b) Consumo específico de combustível no travão em função da pressão efectiva média no travão

4.1.3 Consumo específico de energia no travão

O BSEC é o consumo de energia necessário para desenvolver uma unidade de potência. O consumo específico de energia no travão das misturas de combustível depende da qualidade do processo de combustão. A Fig. 4.1.3 (a) mostra as variações do BSEC no BMEP para todas as misturas selecionadas de diesel-castor e biodiesel e diesel. A figura mostra claramente que, à medida que a carga aumenta, a BSEC diminui para todas as misturas de combustível. Ao mesmo tempo, verificou-se que a BSEC aumenta ligeiramente com a adição de biodiesel de rícino para as misturas de combustível CME10, CME20, CME30, CME50 e CME100. No entanto, verificou-se um BSEC mais baixo para as misturas de combustível CME20. Estes comportamentos devem-se ao facto de o biodiesel de rícino ter um teor de oxigénio que ajuda a uma melhor combustão, bem como uma viscosidade quase semelhante à do gasóleo. Com uma substituição mais elevada de gasóleo em volume por biodiesel de rícino, o BSEC aumentou em condições de carga mais elevadas em comparação com o gasóleo, mas para uma substituição mais baixa de gasóleo por biodiesel de rícino em condições de carga mais elevadas, o BSEC foi quase o mesmo. Isto deveu-se ao efeito combinado do menor poder calorífico e da melhor combustão das misturas de combustível. A figura 4.1.3 (b) mostra as alterações no consumo específico de energia dos travões com diferentes misturas de combustível em todas as condições de carga, respetivamente. Para misturas mais elevadas de biodiesel (ou seja, para CME20, CME30, CME50 e CME100), o BSEC aumentou em comparação com o gasóleo. Esta pequena variação pode dever-se à maior viscosidade do biodiesel.

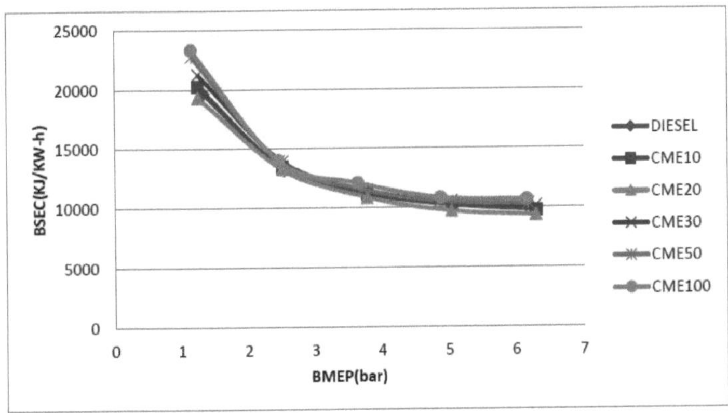

Figura.4.1.3(a). Consumo específico de energia na travagem Vs pressão efectiva média na travagem para diferentes misturas de combustível diesel e biodiesel.

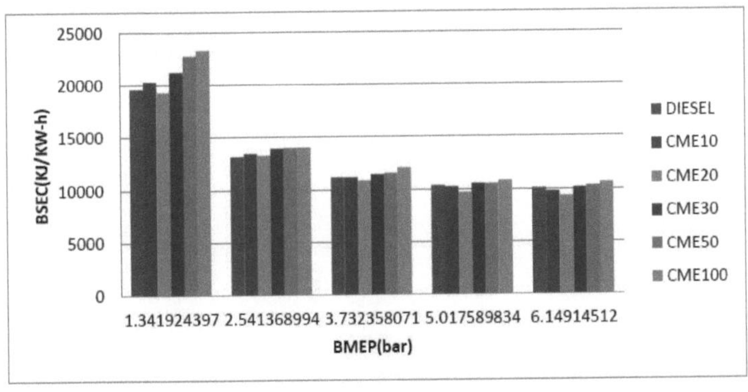

Figura.4.1.3 (b) Consumo de energia específico do travão Vs pressão efectiva média do travão

4.1.4 TEMPERATURA DOS GASES DE ESCAPE

A Figura 4.1.4(a) mostra a variação da temperatura dos gases de escape para diferentes misturas de combustível diesel-castor biodiesel em diferentes condições de carga. Mostra uma temperatura dos gases ligeiramente mais elevada na mistura de combustível CME20 a plena carga em comparação com o combustível diesel. Mas para os combustíveis CME30, CME50 e CME100, verificou-se que a temperatura dos gases de escape era quase semelhante à do biodiesel. Tal como foi referido por vários investigadores [6], verificou-se que a EGT de várias misturas de biodiesel era mais elevada do que a do gasóleo, especialmente a cargas mais elevadas. As moléculas mais pesadas do biodiesel levam a uma combustão contínua mesmo durante o escape, o que provoca uma EGT mais elevada. A EGT mais elevada dá uma indicação de combustão lenta. A temperatura dos gases de escape também aumenta devido à combustão tardia (atrasada). A Figura 4.1.4(b) mostra as alterações na temperatura dos gases de escape com diferentes misturas de combustível em todas as condições de carga, respetivamente.

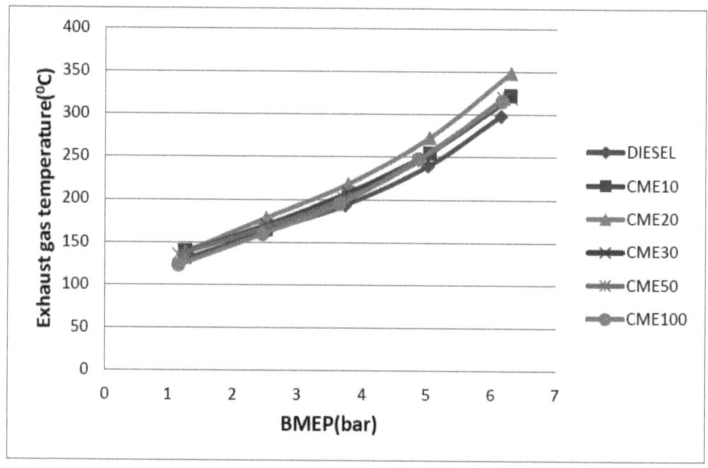

Figura.4.1.4(a). Temperatura dos gases de escape Vs pressão efectiva média de travagem para diferentes misturas de combustível diesel-biodiesel.

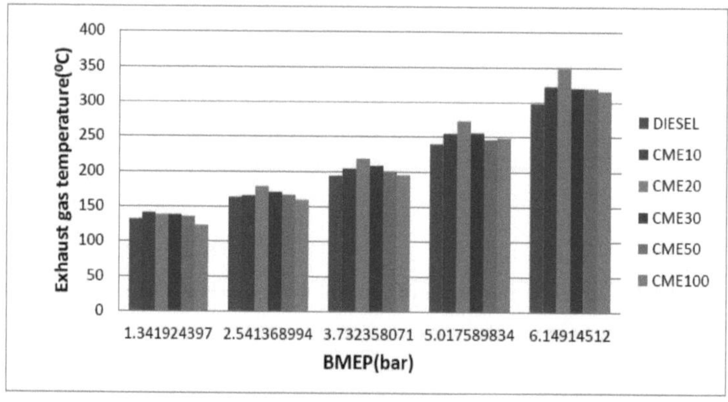

Figura.4.1.4(b) Temperatura dos gases de escape Vs pressão efectiva média do travão

4.1.5 Potência de travagem

Para diferentes cargas do motor, a potência de travagem aumenta com o aumento da velocidade do motor até às 1500 rpm. Depois disso, a potência de travagem diminui com o aumento da velocidade do motor devido ao aumento do atrito do motor. Para cargas diferentes do motor, a diferença na potência de travagem aumenta com o aumento da velocidade do motor. A Fig. 4.1.5(a) mostra a variação da potência de travagem do motor de ensaio em relação à BMEP, para o combustível diesel e o biodiesel de rícino. A potência de travagem atingiu o seu valor máximo à velocidade de cerca de 1500 rpm para todos os combustíveis e operações do motor. À medida que a carga aumenta, a potência de travagem desenvolvida pelo motor aumenta para todas as misturas de biodiesel de rícino. À carga máxima, a mistura CME20 desenvolveu mais PB quando foram utilizadas misturas de gasóleo, CME30, CME50 e CME100, respetivamente. A partir dos resultados, conclui-se que a mistura de biodiesel de rícino CME20 desenvolveu mais PB a cargas mais elevadas. A Figura 4.1.5 (b) mostra as variações da potência de travagem com diferentes misturas de combustível em todas as condições de carga, respetivamente.

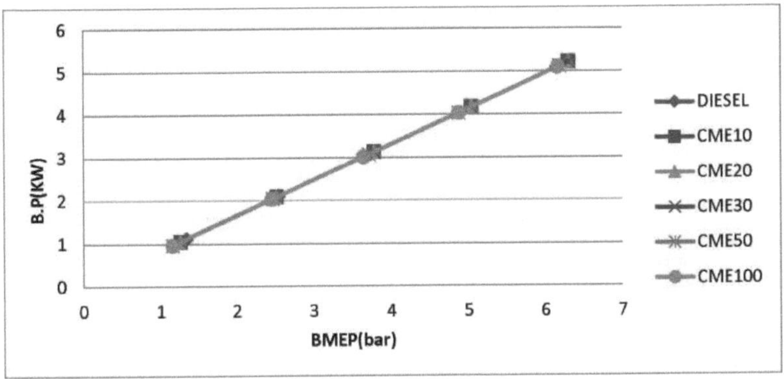

Figura.4.1.5 (a). Potência de travagem Vs pressão efectiva média de travagem para diferentes misturas de combustível diesel-biodiesel.

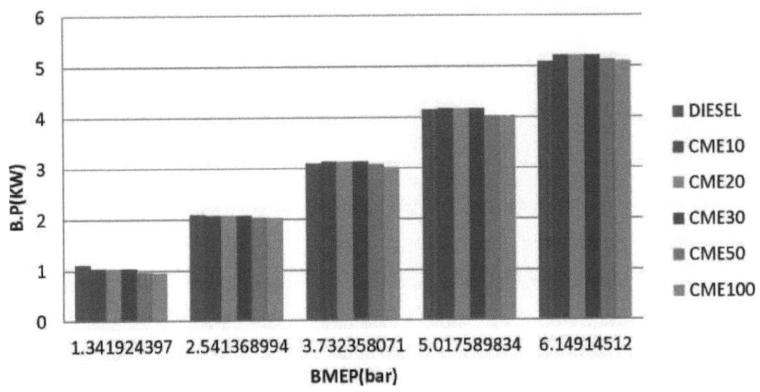

Figura.4.1.5 (b) Potência do travão Vs pressão efectiva média do travão

4.1.6 Radiação e perdas não contabilizadas

A Fig. 4.1.6 (a) mostra a variação na radiação e não contabilizada do motor de ensaio em relação ao BMEP, para o combustível diesel e o biodiesel de rícino. Em condições de carga mais elevadas, as perdas por radiação das misturas de biodiesel de rícino são superiores às do gasóleo puro. A partir dos resultados, conclui-se que a mistura de biodiesel de rícino CME20 desenvolveu menos perdas por radiação em condições de carga mais elevada devido ao menor valor calorífico das misturas de combustível e à maior quantidade de oxigénio presente no biodiesel. As perdas por radiação incluem as perdas de várias partes do motor e o calor perdido devido à combustão incompleta.

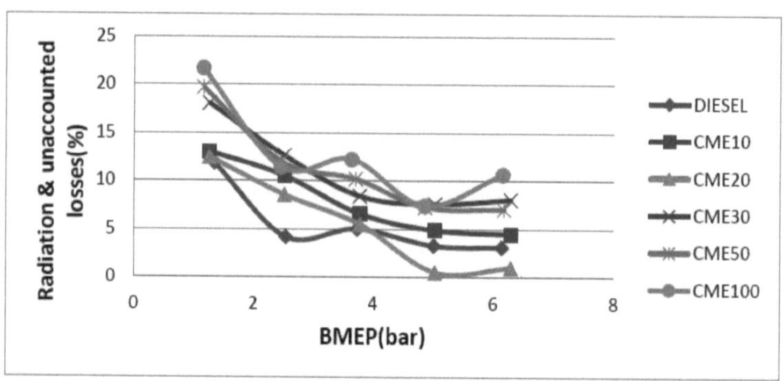

Figura.4.1.6(a). Perdas por radiação Vs pressão efectiva média no travão para diferentes misturas de combustível diesel-biodiesel.

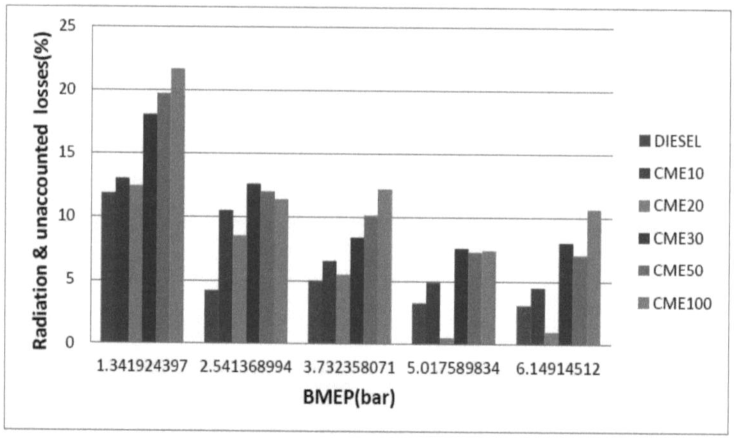

Figura.4.1.6(b) Perdas por radiação Vs pressão efectiva média do travão

4.1.7 Perdas nos gases de escape

A Fig. 4.1.7 (a) mostra a variação nas perdas de escape do motor de ensaio em relação à BMEP, para o gasóleo e o biodiesel de rícino. Em condições de carga mais elevadas, as perdas de escape das misturas de biodiesel de rícino são inferiores às do gasóleo puro.

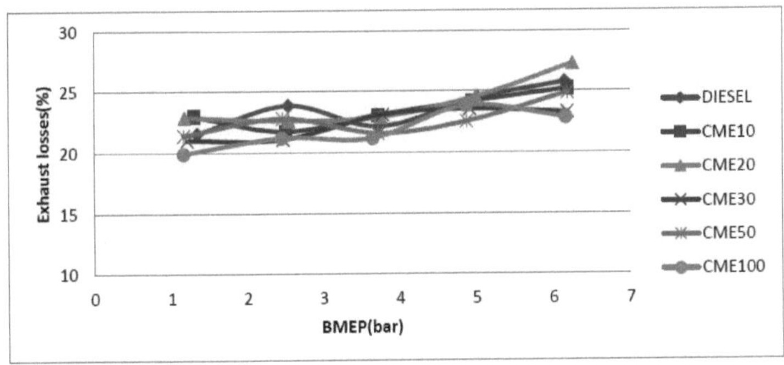

Figura.4.1.7 (a). Perdas nos gases de escape Vs pressão efectiva média de travagem para diferentes misturas de combustível diesel-biodiesel.

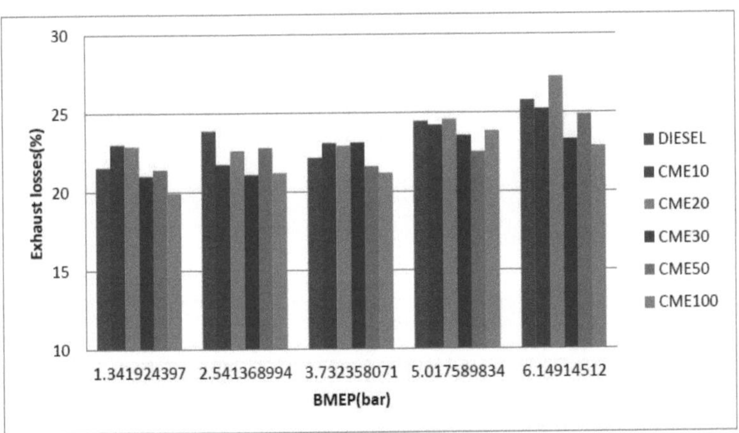

Figura.4.1.7 (b) Perdas nos gases de escape em função da pressão efectiva média do travão

4.1.8 Perdas por arrefecimento

A Fig. 4.1.8 (a) mostra a variação nas perdas de arrefecimento do motor de ensaio em relação à BMEP, para o gasóleo e o biodiesel de rícino. Em condições de carga mais elevada, as perdas de arrefecimento das misturas de biodiesel de rícino CME20, CME30, CME50 e CME100 são semelhantes às do gasóleo puro. Mas a CME10 é inferior ao gasóleo.

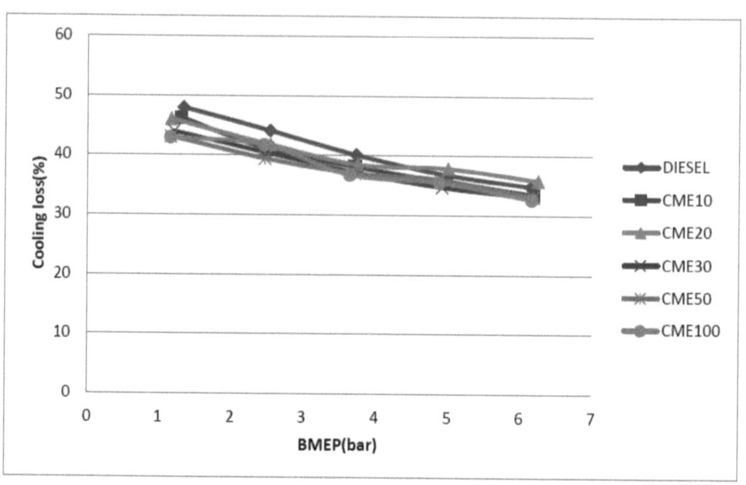

Figura.4.1.8(a). Perdas de arrefecimento Vs pressão efectiva média de travagem para diferentes misturas de combustível diesel-biodiesel.

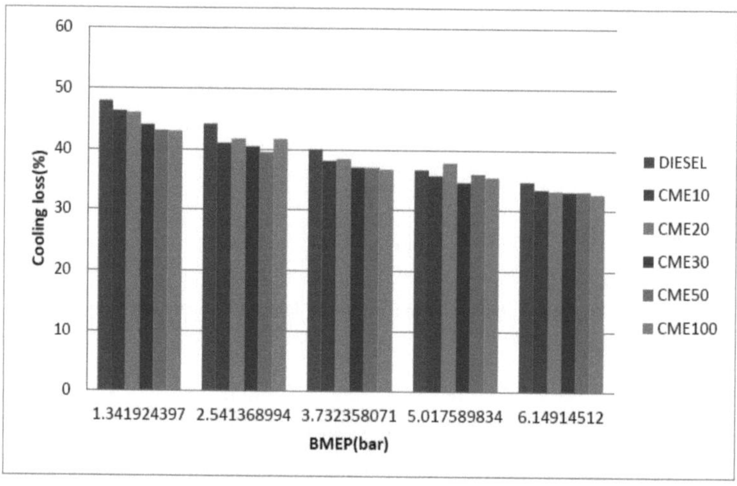

Figura.4.1.8(b). Perdas por arrefecimento Vs pressão efectiva média do travão

4.1.9 Calor equivalente a trabalho útil

A variação do calor equivalente ao trabalho útil para diferentes cargas e combustíveis foi mostrada na figura 4.1.9(a). Observou-se que, com o aumento da carga, o calor equivalente ao trabalho útil aumentou. Mas, para todas as condições de carga, o CME100 registou valores inferiores aos do gasóleo, o que se deve ao seu poder calorífico inferior ao do gasóleo. A cargas mais elevadas, o desempenho das misturas de biodiesel aproxima-se do do gasóleo devido a uma melhor combustão devido ao elevado teor de oxigénio ligado ao combustível, bem como à redução das perdas por fricção

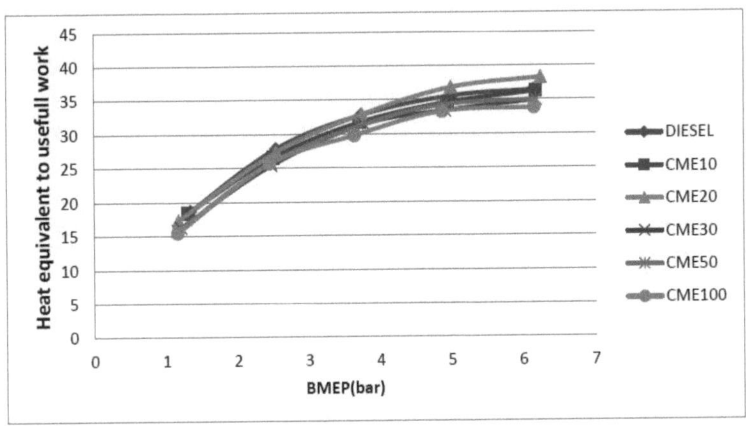

Figura.4.1.9 (a). Trabalho equivalente ao calor Vs pressão efectiva média do travão para diferentes combustíveis diesel-biodiesel

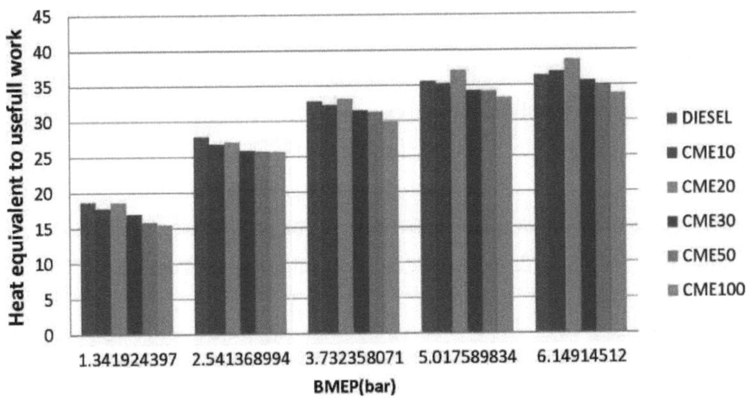

Figura.4.1.9(b). Trabalho equivalente ao calor Vs pressão efectiva média do travão

4.2 CARACTERÍSTICAS DAS EMISSÕES

4.2.1 EMISSÕES DE NOx

A Fig. 4.2.1 (a) mostra a emissão de óxido de azoto (NOx) para o diesel puro e diferentes misturas de biodiesel e a relação com a temperatura dos gases de escape. No caso do CME20, a emissão de NOx é superior à do gasóleo. A concentração de NOx aumenta com o aumento da carga e atinge o máximo a plena carga para todas as misturas. No caso do gasóleo, do CME10, do CME20, do CME30, do CME50 e do CME100, as emissões de NOx registadas foram de 960, 1180, 1086, 1180, 1169 e 1388 ppm, respetivamente, a plena carga. Verifica-se que a temperatura de escape aumenta com o aumento de CME nas misturas e é mais elevada do que a do gasóleo para todas as misturas a todas as cargas. Além disso, observa-se um aumento correspondente nas emissões de NOx. Os três factores que resultam na formação de NOx são a concentração de o2, a temperatura de combustão e o tempo. As emissões de NOx do biodiesel e das suas misturas são ligeiramente superiores às do gasóleo. A

59

temperatura de combustão mais elevada e a presença de oxigénio no biodiesel provocam maiores emissões de NOx, especialmente a cargas mais elevadas. Da mesma forma, [7] relatou uma maior emissão de NOx devido à presença de moléculas de oxigénio extra nas misturas de biodiesel. Verificou-se que o número de cetano do óleo de rícino e das suas misturas era ligeiramente inferior ao do gasóleo.

Zhang et al [8] referiram que o biodiesel com um índice de cetano semelhante ao do gasóleo produz emissões de NOx mais elevadas do que o gasóleo. No entanto, o biodiesel com um índice de cetano mais elevado teve uma emissão de NOx comparável à do gasóleo.

Um índice de cetano ligeiramente inferior ao do gasóleo resultará num período de retardamento da ignição mais elevado, permitindo assim mais tempo para a mistura ar/combustível antes da fase de combustão pré-misturada. Por conseguinte, será queimado relativamente mais combustível durante a fase de combustão pré-misturada, o que resulta numa maior formação de NOx.

Também foi proposto na literatura que certos sistemas de injeção sofrem um avanço inaceitável do tempo de injeção de combustível causado pelo módulo de compressibilidade, viscosidade e densidade mais elevados das misturas completas que contêm biodiesel, o que pode resultar numa transferência mais rápida da onda de pressão da bomba de injeção para o bico, avançando assim a elevação da agulha, e é bem sabido que o avanço do tempo de injeção aumenta as emissões de NOx. É por isso que o biodiesel tem o potencial de emitir mais NOx em comparação com os motores a gasóleo. A figura 4.2.1(b) mostra a variação da emissão de NOx para diferentes misturas de combustível a todas as cargas, respetivamente.

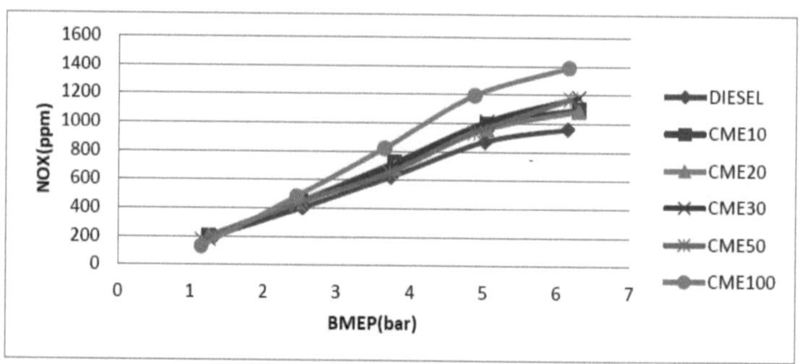

Figura.4.2.1(a) Efeito da BMEP nos NOx para diferentes misturas de combustível diesel-biodiesel

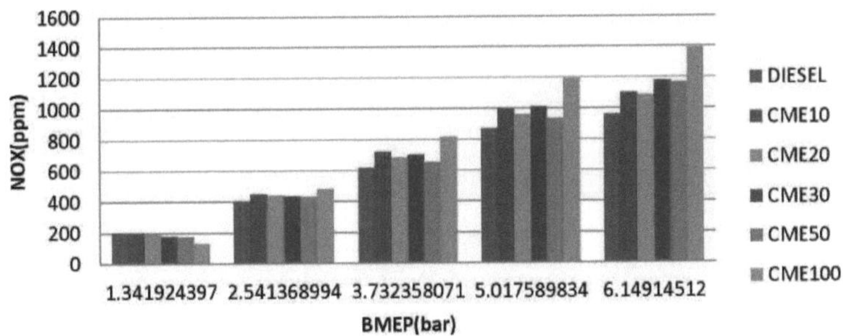

Figura.4.2.1(b). NOX Vs pressão efectiva média do travão

4.2.2 EMISSÃO DE HIDROCARBONETOS NÃO QUEIMADOS

Pode observar-se que as emissões de HC do funcionamento do biodiesel de rícino são inferiores às do gasóleo para uma dada carga total, velocidade e condição de tempo de injeção devido ao maior teor de oxigénio do biodiesel de rícino que resulta numa combustão mais completa. A emissão de HC nos motores C.I. não é um grande problema, uma vez que é normalmente 1/5th em comparação com o motor S.I. da mesma capacidade. Relativamente a todos os combustíveis, verificou-se que as emissões de HC diminuem com a carga. Isto deve-se ao aumento da temperatura do gás a cargas mais elevadas, o que resulta numa combustão completa. A Figura 4.2.2 (a) mostra a comparação de hidrocarbonetos para diferentes misturas de biodiesel em relação à pressão efectiva média do travão. As emissões de HC foram reduzidas em 26%, 15%, 11%, 5% e 27% para B10, B20, B30, B50 e B100, respetivamente. Uma possível explicação para a redução das emissões de HC quando se abastece biodiesel e as suas misturas é que as moléculas de O_2 estão disponíveis no biodiesel em comparação com o combustível para motores diesel e o teor de carbono e hidrogénio do biodiesel é menor quando comparado com o combustível para motores diesel. Estes factores podem desencadear um processo de combustão melhorado e mais completo, o que ajuda a reduzir as emissões de HC [9]. Observou-se que o gasóleo tem a taxa máxima de hidrocarbonetos 0,098 g/kw-h entre os combustíveis testados a plena carga. Verifica-se também que o hidrocarboneto de 0,084 g/kw-h para o CME20 diminui com o aumento da concentração das misturas de biodiesel a plena carga. A Figura 4.2.2 (b) mostra a variação da emissão de UBHC para todas as misturas de combustível em todas as condições de carga.

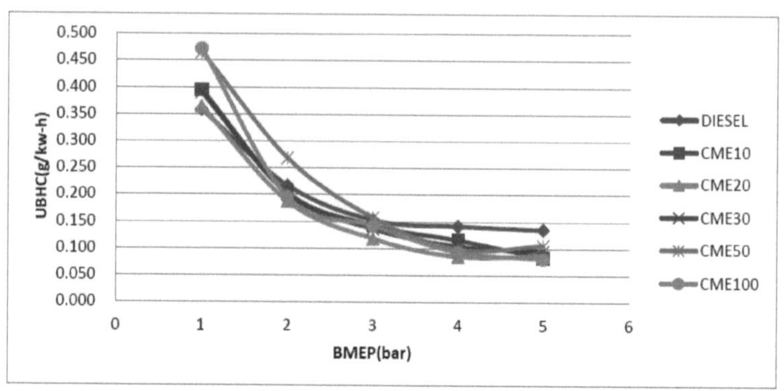

Figura.4.2.2 (a) Efeito do BMEP na emissão de UBHC para diferentes misturas de combustível diesel-biodiesel

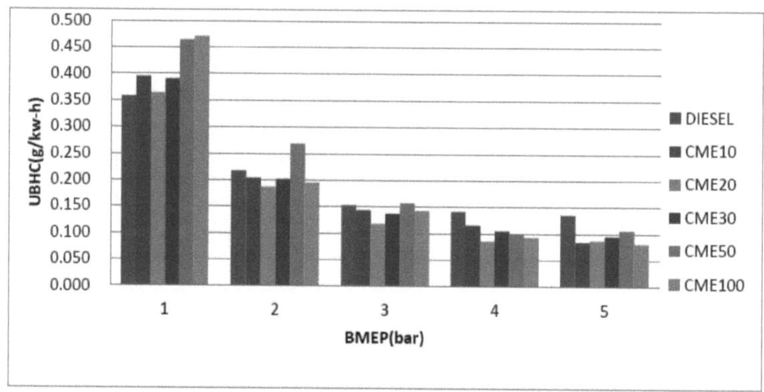

Figura.4.2.2 (b). UBHC Vs pressão efectiva média do travão

4.2.3 EMISSÃO DE MONÓXIDO DE CARBONO

A emissão de CO é tóxica e um produto intermédio na combustão de hidrocarbonetos combustíveis, pelo que resulta de uma combustão incompleta. A emissão de CO depende grandemente da relação ar/combustível. As tendências da emissão de CO mostram que esta depende da relação ar/combustível e da temperatura de combustão.

Os resultados mostraram que as emissões de CO diminuíram a uma carga mais elevada para todas as misturas, bem como para o gasóleo, e aumentaram drasticamente a baixa carga. A emissão de CO foi de diesel para B10 e B20, mas para B30, B50 e B100 foram registadas emissões de CO mais elevadas.

A temperatura mais baixa e o atraso na combustão teriam suprimido o processo de oxidação, mesmo que houvesse oxigénio suficiente disponível para a combustão.

As emissões de CO para B30, B50 e B100 foram mais elevadas. Este facto deve-se provavelmente ao atraso da combustão e à diminuição da temperatura. É de notar que, para estas misturas, o gráfico anterior apresenta emissões de NOx mais baixas e emissões de UBHC mais elevadas.

Tendências semelhantes de emissão de CO foram registadas por [10]. As tendências das emissões de CO em função da pressão efectiva média de travagem para o combustível diesel e vários combustíveis misturados com diesel e biodiesel. Para os combustíveis com mistura de gasóleo e biodiesel de rícino, as emissões de CO diminuem ligeiramente com o aumento da carga, mas a uma carga mais elevada aumentam para todas as misturas de biodiesel de rícino. O aumento dos níveis de CO a uma carga mais leve deve-se ao facto de a mistura ser rica a uma carga mais elevada do que a uma carga mais baixa, o que se deve à combustão incompleta da mistura biodiesel de rícino-diesel. A Figura 4.2.3 (a) mostra a comparação do monóxido de carbono para várias misturas de biodiesel em relação à pressão efectiva média do travão. Verificou-se que a emissão de CO é de 1,6 g/kw-h para o gasóleo e de 1,16 g/kw-h para o CME20, o que se mantém devido à presença de oxigénio nos biocombustíveis a plena carga, mas a uma carga inferior a emissão de CO do gasóleo e do CME20 é semelhante. As emissões de CO diminuem com o aumento da CME, uma vez que as misturas tiveram tempo suficiente para o processo de combustão devido à presença de oxigénio na CME. A Figura 4.2.3 (b) mostra a variação das emissões de CO para todas as misturas de combustível em todas as condições de carga.

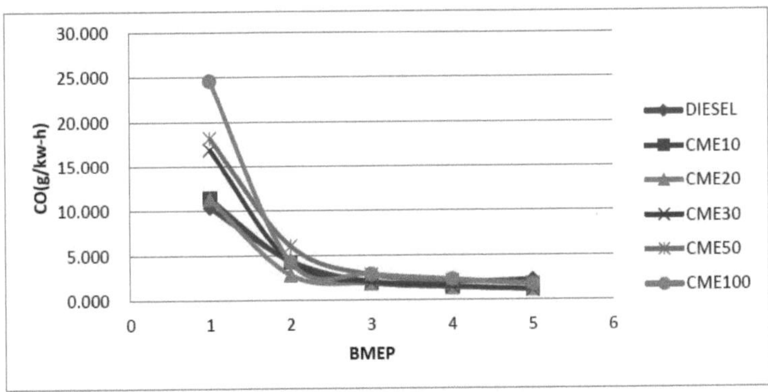

Figura.4.2.3 (a) Efeito da BMEP na emissão de CO para diferentes misturas de combustível diesel-biodiesel

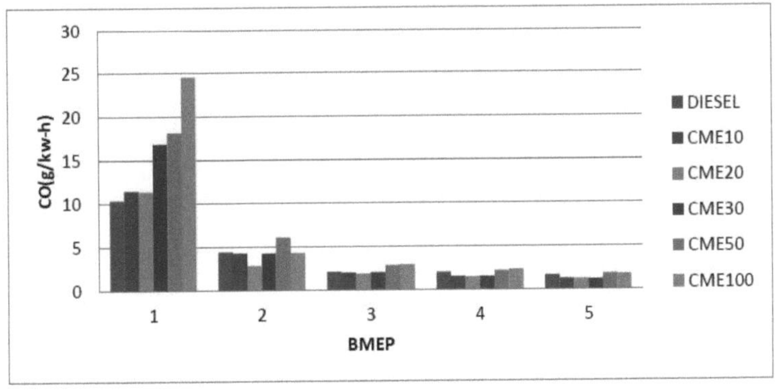

Figura 4.2.3(b) CO Vs pressão efectiva média do travão

4.2.4 DIÓXIDO DE CARBONO

O CO_2 ocorre naturalmente na atmosfera e é um produto natural da combustão do combustível hidrocarboneto. Idealmente, a combustão de hidrocarbonetos combustíveis deveria produzir apenas CO_2 e água CH_2O. A Figura 4.2.4 (a) mostra a emissão de CO_2 de vários combustíveis utilizados. A emissão de CO_2 aumentou com o aumento da carga para todas as misturas, uma vez que é queimado muito mais combustível a cargas mais elevadas. As misturas B10 e B20 apresentam emissões de CO_2 mais baixas do que as outras. Isto deve-se ao facto de o biodiesel em geral ser um combustível de carbono e ter um rácio carbono elementar/hidrocarboneto inferior ao do gasóleo. Utilizando misturas mais elevadas de biodiesel de rícino, observou-se um aumento das emissões de CO_2. Apesar de, a cargas mais elevadas, as misturas com maior teor de biodiesel emitirem quase menos CO_2 do que o gasóleo, em geral, o próprio biodiesel é considerado neutro em termos de carbono, uma vez que todo o CO_2 libertado durante a combustão foi retirado da atmosfera para o crescimento das culturas de óleos vegetais. Esta é uma região próxima da região onde foi obtido o SFC mais baixo, provavelmente como consequência da elevada eficiência da combustão. Uma observação interessante é que a concentração de CO2 na exaustão das misturas de combustíveis é maior do que a do óleo diesel para baixas cargas aplicadas ao gerador. No entanto, para cargas elevadas, a partir da região onde se obtém a maior eficiência de combustão, a tendência se inverte, com o diesel apresentando níveis de CO2 mais elevados do que as misturas de combustíveis. Em cargas baixas, para o funcionamento do motor com elevado excesso de oxigénio na mistura ar/combustível, a maior eficiência de combustão do gasóleo é a razão para a produção de níveis de CO2 inferiores aos das misturas de biodiesel. Em cargas elevadas, para o funcionamento do motor com uma mistura ar/combustível mais rica, a presença de oxigénio na molécula de biodiesel desempenha um papel importante na redução da formação de CO2. A Figura 4.2.4 (b) mostra a variação da emissão de CO2 para todas as misturas de combustível em todas as condições de carga.

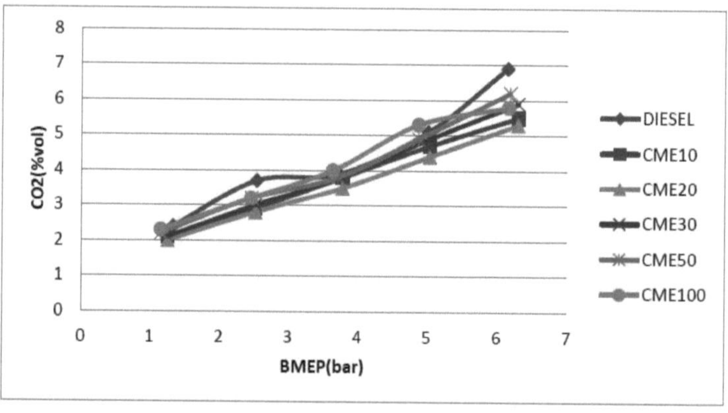

Figura.4.2.4(a) Efeito do BMEP na emissão de CO2 para diferentes misturas de combustível diesel-biodiesel

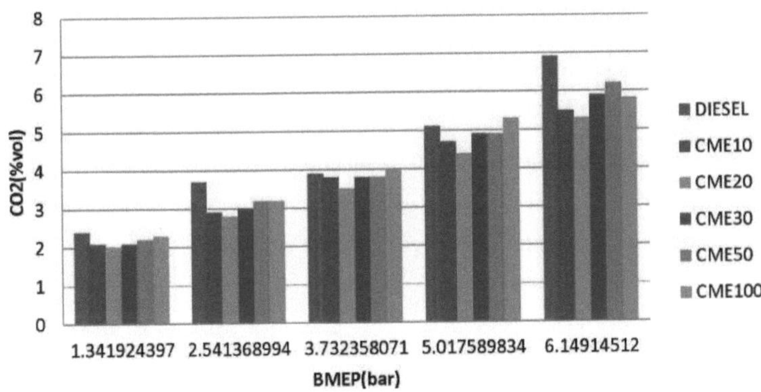

Figura.4.2.4(b) CO2 Vs pressão efectiva média do travão

4.2.5 OPACIDADE DO FUMO

A figura 4.2.5 (a) mostra as relações entre a opacidade dos fumos e a pressão efectiva média na travagem para diferentes misturas de combustível diesel-castor e biodiesel em diferentes condições de carga. A figura ilustra que as emissões de fumo diminuem de 10 a 30% em comparação com o gasóleo para todas as condições de carga. É óbvio que as emissões de fumo podem ser reduzidas de forma notável com a adição de biodiesel de rícino ao gasóleo. A Figura 4.2.5 (b) mostra a variação da opacidade das emissões de fumo para todas as condições de carga. O material particulado é essencialmente composto por fuligem, através de alguns hidrocarbonetos, geralmente referidos como fratura orgânica solúvel da emissão de partículas, que também são absorvidos pela superfície das partículas ou simplesmente emitidos sob a forma de gotículas de líquido. Entre os componentes das partículas, a fuligem é reconhecida como a principal substância responsável pela opacidade do fumo. A formação da opacidade do fumo ocorre em situações de extrema carência de oxigénio no ar. A deficiência de oxigénio no ar está presente localmente nos motores diesel. Aumenta à medida que a relação ar/combustível diminui. A fuligem é produzida pelo craqueamento térmico de moléculas de cadeia longa devido à falta de oxigénio. Os resultados da opacidade dos fumos são apresentados na figura 4.2.5 (a).

Os resultados mostram que o fumo é quase insignificante até 0,4 Mpa, BMEP e aumenta com cargas mais elevadas. O fumo do gasóleo é superior ao das misturas de biodiesel em quase todas as cargas.

A cargas mais elevadas do motor, a redução dos fumos com a utilização de biodiesel deve-se ao teor de O_2 no combustível, uma vez que, à medida que o teor de oxigénio aumenta, uma fração maior do carbono do combustível é convertida em CO na região pré-misturada rica, em vez de se formar fuligem.

Outra região de redução de fumos quando se utiliza biodiesel é a relação C/H mais baixa e a ausência de compostos aromáticos em comparação com o combustível para motores diesel. O teor de carbono do biodiesel é inferior ao do gasóleo. Quanto mais moléculas de carbono o combustível contiver, maior é a probabilidade de produzir fuligem. Inversamente, a presença de oxigénio num combustível diminui a tendência deste para produzir fuligem.

Observou-se que a formação de fuligem do B100 era superior à das outras misturas, mas ainda inferior à do gasóleo, o que pode dever-se à maior viscosidade do B100, que resulta numa atomização deficiente e numa mistura localmente rica a cargas médias e elevadas.

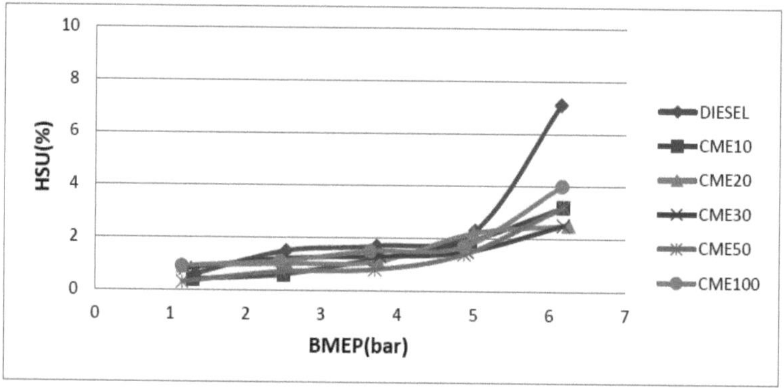

Figura.4.2.5 (a) Efeito do BMEP na emissão de HSU para diferentes misturas de combustível diesel-biodiesel

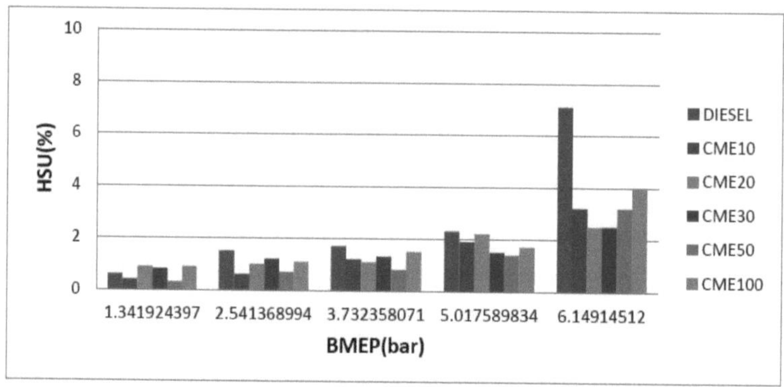

Figura 4.2.5(b) HSU Vs pressão efectiva média do travão

4.3 Caraterísticas de combustão

4.3.1 Pressão do cilindro Vs. ângulo da manivela

As variações na pressão no cilindro com o ângulo da manivela para as misturas de combustível CME10, CME20, CME30, CME50 e CME100 em condições de funcionamento do motor com gasóleo são apresentadas na Fig. 4.3.1 (a) A partir destas figuras, pode notar-se que, a cargas mais elevadas do motor, as tendências de pressão são quase semelhantes para todos os combustíveis de ensaio. As misturas mais baixas de biodiesel mostram um atraso no aumento da pressão em relação ao gasóleo a cargas mais baixas do motor devido a um período mais longo de atraso na ignição física (devido à gama de ebulição mais elevada do biodiesel). Para misturas mais elevadas, o início do aumento da pressão para as misturas de biodiesel é comparável ao do gasóleo. O CME20 apresenta sempre um pico de pressão mais elevado em comparação com o gasóleo, o que indica condições óptimas para a combustão exibida pela mistura de dois combustíveis. A presença de oxigénio no biodiesel ajuda na combustão e a menor viscosidade do gasóleo assegura uma mistura adequada ar-combustível. Em todas as cargas do motor, a combustão começa mais cedo para misturas de biodiesel mais elevadas do que para o gasóleo, ao passo que, para misturas mais baixas, o início da combustão é retardado em relação ao gasóleo. O atraso da ignição para todos os combustíveis diminui à medida que a carga do motor aumenta porque a temperatura do gás no cilindro é mais elevada a cargas elevadas do motor, pelo que reduz o período de atraso físico da ignição. O início da combustão reflecte a variação do atraso da ignição porque as regulações da bomba de combustível e dos injectores foram mantidas idênticas para todos os combustíveis. Verifica-se que a pressão aumenta com o aumento da pressão de injeção de 300 bar. A 20% de carga, o atraso de ignição de todas as misturas de biodiesel é maior do que a plena carga. Mas, a plena carga, o atraso de ignição reduz-se.

Com o aumento da carga do motor, a temperatura do gás residual e a temperatura da parede aumentam, reduzindo assim o período de retardamento da ignição para misturas mais elevadas.

Para 20% de carga, o atraso de ignição é maior para a mistura. Por conseguinte, a pressão no cilindro atinge um valor mais elevado e afasta-se mais do TDC na expansão do curso.

O atraso na ignição do biodiesel e das suas misturas foi maior a cargas mais elevadas do que o do gasóleo, devido à maior viscosidade e à menor volatilidade do biodiesel. A Figura 4.3.1 (b) mostra que, a 20% de carga, o CME50 produz mais pressão no cilindro.

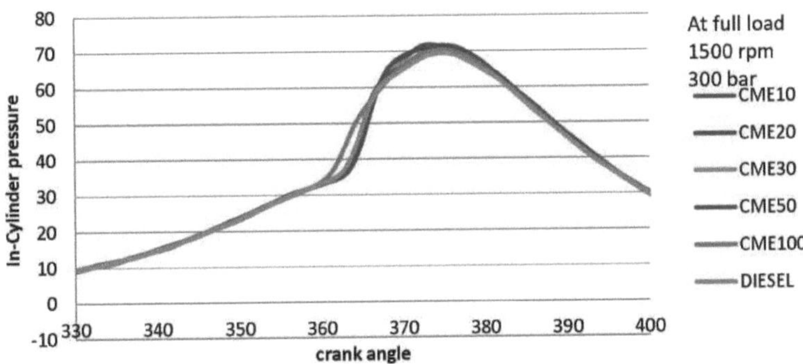

Figura.4.3.1(a) Pressão no cilindro para diferentes misturas de combustível diesel-biodiesel a plena carga

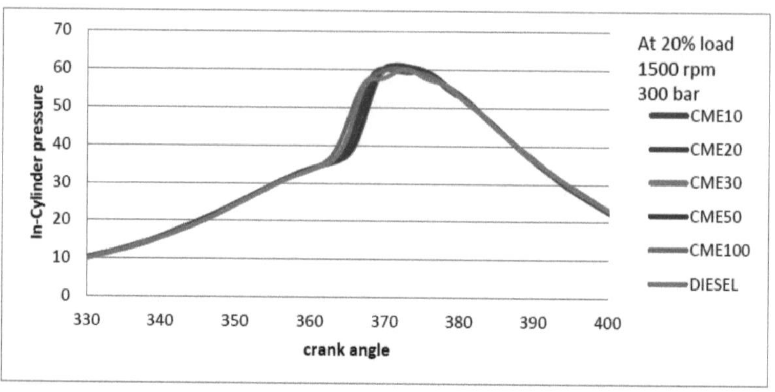

Figura.4.3.1(b). Pressão no cilindro para diferentes misturas de combustível diesel-biodiesel a 20% de carga

CAPÍTULO 5

CONCLUSÕES E ÂMBITO DO TRABALHO FUTURO

Tendo em conta a necessidade de combustíveis alternativos, as investigações experimentais são efectuadas no presente trabalho, a fim de fazer funcionar os motores diesel existentes com óleos vegetais não comestíveis. Para este efeito, foram utilizados óleos vegetais não comestíveis e as suas misturas, nomeadamente óleo de rícino, em motores diesel a 4 tempos arrefecidos a água. Foram determinadas as propriedades físicas e químicas dos óleos acima referidos. Foram avaliados os parâmetros de desempenho e de emissões dos óleos simples e das suas misturas. Estes resultados são comparados com os do gasóleo. Assim, é examinada a sua adequação como combustível alternativo. Estes resultados estão disponíveis na literatura para validação. Os óleos de rícino são transesterificados, ou seja, convertidos nos seus respectivos ésteres metílicos (biodiesel de rícino) utilizando metanol como catalisador. São determinadas as propriedades importantes dos respectivos ésteres metílicos. Os parâmetros de desempenho e de emissões dos biodieseis são avaliados e comparados com os do gasóleo. Algumas das conclusões importantes são,

• As propriedades físicas do CME20, ou seja, a densidade, o ponto de inflamação e o ponto de inflamação, não apresentam grandes diferenças em relação ao gasóleo. Mas o CME50 e o CME100 têm muita diferença em relação ao gasóleo.

• O biodiesel de rícino (CME100) tem mais 8-12% de teor de oxigénio, o que contribui para uma melhor combustão, mas mesmo em todas as condições de carga a pressão no cilindro é inferior à do gasóleo devido ao menor poder calorífico, à densidade e à maior viscosidade. Devido à elevada densidade e viscosidade, o resultado é uma atomização e vaporização inferiores, o que leva à redução da taxa de mistura ar-combustível.

• O CME20 registou uma eficiência térmica de travagem superior à do gasóleo em todas as condições de carga. A razão para isso é a combustão adequada e o período ótimo de retardamento da ignição do combustível e o elevado teor de oxigénio do gasóleo. A plena carga, o CME20 e o gasóleo têm 38,5% e 36,37% de eficiência térmica do travão.

• O CME100 tem um BSFC mais elevado do que o gasóleo em todas as condições de carga.

• A CME20 registou uma relação ar/combustível inferior à do gasóleo em todas as condições de carga.

• As misturas CME20 apresentam o valor mais baixo de consumo específico de energia no travão em todas as condições de carga

• As misturas CME20 têm uma temperatura dos gases de escape ligeiramente mais elevada em todas as condições de carga. A razão para a temperatura dos gases de escape depende da combustão tardia (período de retardamento).

- No caso do CME20, a emissão de NOx é superior à do gasóleo. A concentração de NOx aumenta com o aumento da carga e atinge o máximo a plena carga para todas as misturas. No caso do gasóleo, do CME10, do CME20, do CME30, do CME50 e do CME100, as emissões de NOx registadas foram de 960, 1180, 1086, 1180, 1169 e 1388 ppm, respetivamente, para a condição de carga máxima.

- Os resultados mostraram que as emissões de CO diminuíram a uma carga mais elevada para todas as misturas, bem como para o gasóleo, e aumentaram drasticamente a baixa carga. As emissões de CO das misturas CME30, CME50 e CME100 foram mais elevadas. Este facto deve-se provavelmente ao atraso da combustão e à diminuição da temperatura.

- As emissões de CO_2 aumentam com o aumento da carga para todas as misturas, uma vez que se queima muito mais combustível a cargas mais elevadas. As misturas CME10 e CME20 apresentam emissões de CO_2 mais baixas do que as outras. Isto deve-se ao facto de o biodiesel em geral ser um combustível de carbono e ter um rácio carbono elementar/hidrocarboneto inferior ao do gasóleo. Utilizando misturas mais elevadas de biodiesel de rícino, observou-se um aumento das emissões de CO_2. Através de cargas mais elevadas, as misturas com maior teor de biodiesel emitem quase menos CO_2 do que o gasóleo.

- Pode observar-se que as emissões de HC do funcionamento com biodiesel de rícino são inferiores às do gasóleo para uma dada carga total. Uma explicação possível para a redução das emissões de HC quando se abastece biodiesel e as suas misturas é que as moléculas de O_2 estão disponíveis no biodiesel em comparação com o combustível para motores diesel e o teor de carbono e hidrogénio do biodiesel é inferior ao do combustível para motores diesel.

- As emissões de fumo diminuem de 10 a 30% em comparação com o gasóleo para todas as condições de carga. É óbvio que as emissões de fumo podem ser reduzidas de forma notável com a adição de biodiesel de rícino ao gasóleo.

ÂMBITO DO TRABALHO FUTURO

Com base na experiência adquirida durante o presente trabalho, são indicadas as seguintes direcções para futuras investigações e desenvolvimentos

- É necessário efetuar estudos aprofundados sobre a estabilidade à oxidação do biodiesel e das suas misturas com o gasóleo para um armazenamento prolongado.

- O efeito de diferentes taxas de compressão utilizando biodiesel pode ser estudado

- É necessário realizar um estudo aprofundado do mapeamento automático do combustível e do sistema de injeção de combustível controlado eletronicamente para otimizar as condições de funcionamento de diferentes misturas de biodiesel, gasóleo e suas misturas

- O efeito de diferentes orifícios do injetor utilizando biodiesel pode ser estudado para melhorar o desempenho do motor e as emissões.

REFERÊNCIAS

1. Banapurmath, N. R., Tewari, P. G., & Hosmath, R. S. Performance and emission characteristics of a DI compression ignition engine operated on Honge, Jatropha and sesame oil methly ester, 2008, 33, 1982-1988.

2. REN21 (2011). "Renováveis 2011: Global Status Report". pp. 13-14.

3. Biodiesel Economicamente Eficiente?" Energy Policy, Vol. 34, No. 18, 2006, pp. 3993-4001.

4. N. L. Panwar, Y. H. Shrirame, N. S. Rathore, S. Jindal e A. K. Kurchania, "Performance Evaluation of a Diesel Engine Fueled with Methyl Ester of Castor Seed Oil," Applied Thermal Engineering, Vol.30, No. 2-3, pp. 245-249, 2010.

5. J. Janaun e N. Ellis. "Perspectivas sobre o biodiesel como combustível sustentável", Renewable and

Sustainable Energy Reviews, Vol. 14, No. 4, 2010, pp. 1312-1320.

6. M. Lapuerta, O. Armas e J. R. Fernandez. "Effect of Biodiesel Fuels on Diesel Engine Emissions", Progress in Energy and Combustion Science, Vol. 34, No. 2, 2008, pp. 198-223.

7. Berman, P, Nizri, S, & Wiesman, Z. Castor oil biodiesel and its blends as alternative fuel. Bioenergia, 2011, 35(7), 2861-2866.

8. Zhang M, Mulenga MC, Reader GT, Wang M, Ting DSK. Desempenho e emissões do motor a biodiesel em combustão a baixa temperatura. Fuel 2008, 87(6); 714-2

9. Dhar, A, Kevin, R, & Kumar, A. Produção de biodiesel a partir de óleo de nim com alto teor de FFA e seu desempenho, emissão e caraterização de combustão em um motor DICI de um cilindro. Tecnologia de Processamento de Combustível, 2012, 97, 118-129.

10. Filho, R. M., & Maciel, M. R. W. Chemical Engineering Research and Design Simulação e estimativa de custos para produção de biodiesel utilizando óleo de mamona. Chemical Engineering Research and Design, 2009, 88(5-6),626 -632.

11. Ganapathy, T., Gakkhar, R. P., & Murugesan, K. Influência do tempo de injeção no desempenho, combustão e caraterísticas de emissão do motor a biodiesel de Jatropha. *Applied Energy,* 2011, *SS*(12), 4376-4386.

12. Ghadge, S. V., & Raheman, H. Process optimization for biodiesel production from mahua (Madhuca indica) oil using response surface methodology, 2006, *97*, 379-384.

13. IlkiliQ, C., Aydin, S., Behcet, R., & Aydin, H. Biodiesel de óleo de cártamo e sua aplicação num motor diesel. *Tecnologia de Processamento de Combustível,* 2011, *92*(3), 356362.

14. Karabektas, M. The effects of turbocharger on the performance and exhaust emissions of a diesel engine fuelled with biodiesel. *Renewable Energy,* 2009, *34(4),* 989-993.

15. Muralidharan, K., & Vasudevan, D. Desempenho, emissões e caraterísticas de combustão de um motor de taxa de compressão variável utilizando ésteres metílicos de óleo alimentar usado e misturas de gasóleo. *Applied Energy,* 2011, *SS*(11), 3959-3968.

16. Muralidharan, K., Vasudevan, D., & Sheeba, K. N. Desempenho, emissões e caraterísticas de combustão de um motor de taxa de compressão variável alimentado a biodiesel. *Energia,* 2011, *36*(8),

5385-5393.

17.   Navindgi, M. C., & District, M. INFLUÊNCIA DA PRESSÃO DE INJECÇÃO, DO TEMPO DE INJECÇÃO E DA RELAÇÃO DE COMPRESSÃO NO DESEMPENHO, COMBUSTÃO E EMISSÃO DO MOTOR DIESEL UTILIZADO, 2012, *7*(03), pp, 897-906.

18.   Nunes, R., Ávila, D. A., & Ricardo, J. Propriedades físico-químicas e comportamento térmico do óleo bruto e do biodiesel de rabanete forrageiro. *Industrial Crops & Products,* 2012, *38,* pp, 54-57.

19.   Ogunniyi, D. S. Castor oil: A vital industrial raw material, 2006, *97,* 1086-1091.

20.   Panwar, N. L., Shrirame, H. Y., Rathore, N. S., Jindal, S., & Kurchania, A. K. Avaliação do desempenho de um motor a gasóleo alimentado com éster metílico de óleo de rícino. Applied Thermal Engineering, 2010, *30*(2-3), pp, 245-249.

21.   Press, A. I. N. A comparação do desempenho do motor e das caraterísticas das emissões de escape da mistura óleo de sésamo - gasóleo com gasóleo num motor diesel de injeção direta, 2008, *33,* 1791-1795.

22.   Process, S., & Ldps, D. Otimização da Produção de Biodiesel a partir de Óleo de Rícino N IVEA DE L IMA DA SILVA, M ARIA R EGINA W OLF M ACIEL,, 2006, *129.*

23.   Ramezani, K, Rowshanzamir, S., & Eikani, M. H. Reação de transesterificação do óleo de rícino. Um estudo cinético e otimização de parâmetros. *Energia,* 2010, *35*(10), 4142-4148.

24.   Scholz, V., & Nogueira, J. Perspectivas e riscos do uso do óleo de mamona como combustível, 2008, *32,* 95-100.

25.   Shrirame, H. Y., Panwar, N. L., & Bamniya, B. R. Bio Diesel from Castor Oil - A Green Energy Option, *2011*(março), 1-6.

26.   Souza, O., José, M., Márcia, V., Pasa, D., Rodrigues, C., Belchior, P., & Ricardo, J. Consumo de combustível e emissões de um gerador de energia a diesel abastecido com óleo de mamona e biodiesel de soja. *Fuel,* 2010, *89*(12), 3637-3642.

27.   Souza, O., Márcia, V., Pasa, D., Rodrigues, C., Belchior, P., & Ricardo, J. Propriedades físico-químicas do biodiesel de óleo alimentar usado e de misturas de biodiesel de óleo de rícino. *Fuel,* 2011, *90*(4), 1700-1702.

28.   Sreenivas, P., Mamilla, V. R., & Sekhar, K. C. Development of Biodiesel from Castor Oil, 2011, *1*(3), 192-197.

29.   Stamenkovi, O. S., Veljkovi, V. B., & Bankovi, I. B. Produção de biodiesel a partir de óleos vegetais não comestíveis, 2012, *16,* 3621-3647.

30.   Thomas, T. P., Birney, D. M., & Auld, D. L. Redução da viscosidade de ésteres de óleo de rícino pela adição de diesel, ésteres de óleo de cártamo e aditivos. *Industrial Crops & Products*, 2012, *36*(1), 267-270.

31.   Thomas, T. P., Birney, D. M., & Auld, D. L. Otimização da esterificação de óleos de cártamo, de sementes de algodão, de rícino e de sementes de algodão usadas. *Industrial Crops & Products,* 2013, *41,* 102-106.

32.   Wander, P. R., Altafini, C. R., Colombo, A. L., & Perera, S. C. Estudos de durabilidade de

motores monocilíndricos de ignição por compressão operando com diesel, soja e ésteres metílicos de óleo de mamona. *Energia,* 2011, *36(6),* 3917-3923.

33. Sanford SD, White JM, Shah PS, Wee C, Valverde MA, Meier GR. Relatório das caraterísticas da matéria-prima e do biodiesel. Renewable Energy Group, Inc., http://biodiesel.org/resources/reportsdatabase/reports/gen/20091117 gen- 398.pdf; 2009. [Website acedido em junho de 2010].

34. Allan G, Williams A, Rabinowicz PD, Chan AP, Ravel J, Keim P. Worldwide genotyping of castor bean germplasm (Ricinus communis L.) using AFLPs and SSRs. Genet Resource Crop Evol 2008; 55:365-378.

35. Da Silva N de L, Maciel MRW, Batistella CB, Filho RM. Otimização da produção de biodiesel a partir do óleo de mamona. In: McMillan JD, Adney WS, Mielenz JR e Klasson KT, editores. Proceedings of the twenty-seventh symposium on biotechnology for fuels and chemicals; 2005 May. Denver, Colorado, Nova Jersey: Humana Press; 2006. PP, 405-414.

36. Conceição MM, Candeia RA, Silva CF, Bezerra AF, Fernandes Jr VJ, Souza AG. Caracterização termoanalítica do biodiesel de mamona. Renew Sust Energy Rev 2007; 11:964-75.

37. Araujo SV, Luna FMT, Rola Jr EM, Azevedo DCS, Cavalcante Jr CL. Um método rápido para avaliação da estabilidade à oxidação de FAME de óleo de mamona: influência do tipo e concentração de antioxidante. Fuel Process Technol 2009.

38. Berman P, Nizri S, Parmet Y, Wiesman Z. Rastreio em grande escala de sementes de rícino intactas por viscosidade utilizando a RMN no domínio do tempo e a quimiometria. J Am Oil Chem Soc 2010; 87:1247-54.

Printed by Books on Demand GmbH, Norderstedt / Germany